短视频

策划、拍摄、制作与运营 ▶

王威｜著

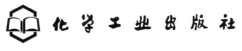

化学工业出版社

·北京·

内 容 提 要

本书为短视频全案例、全流程实操教程，通过时下流行的抖音卡点视频、淘宝商品短视频、美食短视频、Vlog短视频等案例，通俗而生动地详解短视频的前期策划、中期拍摄、后期剪辑与制作，深入剖析各类短视频的特征以及创作诀窍。在此基础上，进一步讲解短视频发布与运营的策略，并通过优秀案例创作解析，进一步展示了短视频创作的丰富类型和实操要点。全书知识点涉猎面较广，涵盖短视频创作流程、特点及常见类型，Premiere、After Effects、Audition等软件在影视作品制作中的技术和方法，文案与脚本的编写原则、场景布置的技巧、拍摄工具的选择及使用方法、视频剪辑的基本规则、镜头组织的常用技巧、特效的使用、声音的处理与字幕的制作，短视频的推广策略及快速变现。本书各案例均配有相应短视频，可扫描书中二维码获取。同时，扫码可以获得学习助手、读者交流群等线上服务，有助于更好、更快地提高短视频制作能力。

本书可作为高等院校影视动画、数字媒体艺术、视觉传达设计、广告学等专业的教学用书，也可作为相关机构的培训用书、短视频创作者的自学教程。

图书在版编目（CIP）数据

短视频：策划、拍摄、制作与运营/王威著. —
北京：化学工业出版社，2020.6（2022.8重印）
ISBN 978-7-122-36562-0

Ⅰ. ①短… Ⅱ. ①王… Ⅲ. ①视频制作②网络营销
Ⅳ. ①TN948.4②F713.365.2

中国版本图书馆 CIP 数据核字（2020）第 053621 号

责任编辑：张　阳　　　　　　　　　　美术编辑：王晓宇
责任校对：边　涛　　　　　　　　　　装帧设计：水长流文化

出版发行：化学工业出版社（北京市东城区青年湖南街 13 号　邮政编码 100011）
印　　装：北京瑞禾彩色印刷有限公司
787mm×1092mm　1/16　印张10¼　字数300千字　2022年8月北京第1版第4次印刷

购书咨询：010-64518888　　　　　　　　售后服务：010-64518899
网　　址：http://www.cip.com.cn
凡购买本书，如有缺损质量问题，本社销售中心负责调换。

导读
短视频时代已经到来

小米科技董事长兼CEO雷军曾说过：台风口上，猪也能飞，凡事要顺势而为。

2019年6月，中国网络视听节目服务协会发布了《2019中国网络视听发展研究报告》。报告显示，截至2018年12月底，中国网络视频（含短视频）用户规模达7.25亿，占整体网民的87.5%。其中，短视频用户规模为6.48亿，网民使用率为78.2%。从使用时长、用户规模等方面，短视频都全面反超长视频，成为中国人最主要的娱乐视频休闲的方式。

对比2018年中、年底数据，短视频应用在中老年、低学历（小学及以下）、高学历（本科及以上）、中高收入人群中的使用率提升明显。40岁以上用户的使用率在半年内提升了12个百分点以上（图1）。

环顾周围，在公交车上、电梯间、咖啡厅，很多人手捧着手机在看短视频，甚至有一段时间，"看抖音短视频开外放"都成为一种社会公害。

毫无疑问，短视频现在就是一个极其热门的"台风口"，李子柒、papi酱等很多短视频创作者们已经顺着这股"势"腾飞了起来。

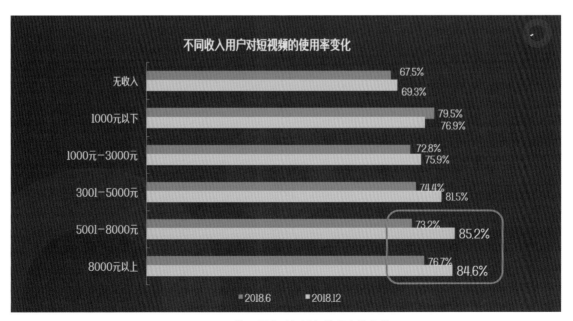

图1　不同收入用户对短视频使用率的变化

随着5G时代的到来，短视频将再一次迎来发展的高峰。身处其中的我们，该如何迎合这次发展，进入短视频这个行业呢？

在知名招聘网站"BOSS直聘"中，腾讯科技（北京）公司在短视频制作岗位中，对该职位有如下要求：

① 负责原创短视频节目的选题策划、脚本写作；

② 有短视频拍摄制作经验优先，必要时，需配音、出镜；

③ 具备优秀的视频策划能力，会简单地使用Premiere、Photoshop等后期软件；

④ 短视频App重点爱好者，熟悉热点话题，喜欢娱乐明星，脑洞大，外向、开朗、机灵、活泼，沟通能力强。

从上面的要求中可以看出，市场对短视频从业者的要求较为全面，要求能独立完成前期策划、中期拍摄和后期制作。

待遇方面，以北京为例，在BOSS直聘网站上，短视频从业者的月薪资水平在1万～3万。

学会了短视频以后能做什么呢？

① 抖音、快手等短视频：目前极为火爆的短视频平台，可以上传短视频作品进行分享甚至盈利；

② Vlog：用短视频记录自己的生活；

③ 家庭、工作、会议记录：为自己增加职场的竞争力；

④ 淘宝商品小视频：随着电商的发展，商品展示短视频的需求量会越来越大；

⑤ 企业宣传片、广告片：很多企业开始尝试用短视频在新媒体上宣传；

⑥ 网络微电影：进行艺术创作（图2）。

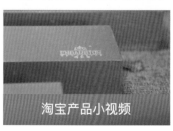

图2 短视频的不同用途

如果自身具备较强的短视频创作能力，可以考虑当个自由从业者，自己接单子来做。目前市场上对短视频的需求量是很大的。创作者名气的大小、项目的制作周期、客户对视频的要求，都会影响到项目的报价，差距往往能达到几倍甚至几十倍。

如果想成为一名内容原创者，可以自己创作一些短视频，在抖音、快手、头条号等媒体上发布，以上短视频平台都有相应的奖励政策，播放量和点赞量越高，从平台拿到的奖励金额就越大。如果能够迅速吸粉，养成一个几十万甚至上百万粉丝的大号，就可以自己接一些广告，这样收入就能再增加很多。

作为一个极具前景的风口，短视频行业的规模将越来越大，"钱景"也越来越好，但是投身短视频行业需要哪些投入呢？

其实除了电脑以外，主要就是拍摄用的设备器材的投入了。

目前短视频主要是在手机上播放，对视频清晰度的要求不高，因此，器材的要求以便携、轻便为主。

正常情况下，一部拍摄效果不错的手机，是短视频拍摄的基本配置。目前市面上销售的绝大多数具有摄像功能的智能手机，都具备拍摄短视频的能力。如果想要获得较好的拍摄效果，可以选择具有1200万像素摄像头，并具备数码变焦能力的手机。

如果需要出外景，进行街拍，那就需要拍摄器材具有防抖的效果。目前绝大多数手机都具备防抖能力，但都是数码防抖，即拍摄后，在手机内部通过计算，将拍摄好的画面进行稳定处理，这样画质损失较大。

这里建议可以购买一款手机云台，例如目前市面上比较流行的大疆、智云等手机云台，可以实现不损伤画质的机械防抖。一款较好的手机云台，市面上的售价大概在300~700元之间。

如果对便携性有较高要求，可以考虑专门用于拍摄的小型设备，例如GoPro、大疆口袋灵眸、大疆运动相机等。这些设备极为小巧和轻便，放在口袋中，随时都可以掏出来进行拍摄，具有不错的成像质量和丰富的防抖、延时等功能。这种设备的价格在2000~3000元之间。

除此之外，还可以买一些辅助设备，例如适合小型设备的三脚架，市面上的售价为几十元。

拍室内淘宝商品较多的话，还可以买一台简易的补光灯，市面上的售价在200元左右。

在短视频的制作中，一般会选择电脑上的Adobe全家桶来制作，使用最多的是剪辑软件Premiere，影视特效软件After Effects，音频处理软件Audition，图片处理软件Photoshop等。

其实，现在手机上也有很多的剪辑软件，比如爱剪辑、剪映等，那为什么要使用电脑上的软件来操作呢？最主要的原因是，电脑上的软件更专业，功能更强大，可以实现很多手机上无法实现的功能。另外，手机屏幕太小了，不方便操作，电脑的屏幕更大，操作可以更加精准。

了解了以上内容以后，就准备和本书一起，进入到短视频的学习中吧。

目录

第1章 短视频概述

2019年11月20日，世界知名的移动应用数据分析公司Sensor Tower发布了2019年10月份全球各大手机Apps平台中下载量最大的社交媒体App，字节跳动公司旗下的"抖音"国际版TikTok以6600万的安装量，力压Facebook、Instagram、Twitter等国际社交网络巨头，排名所有主流平台的榜首位置（图1-1）。

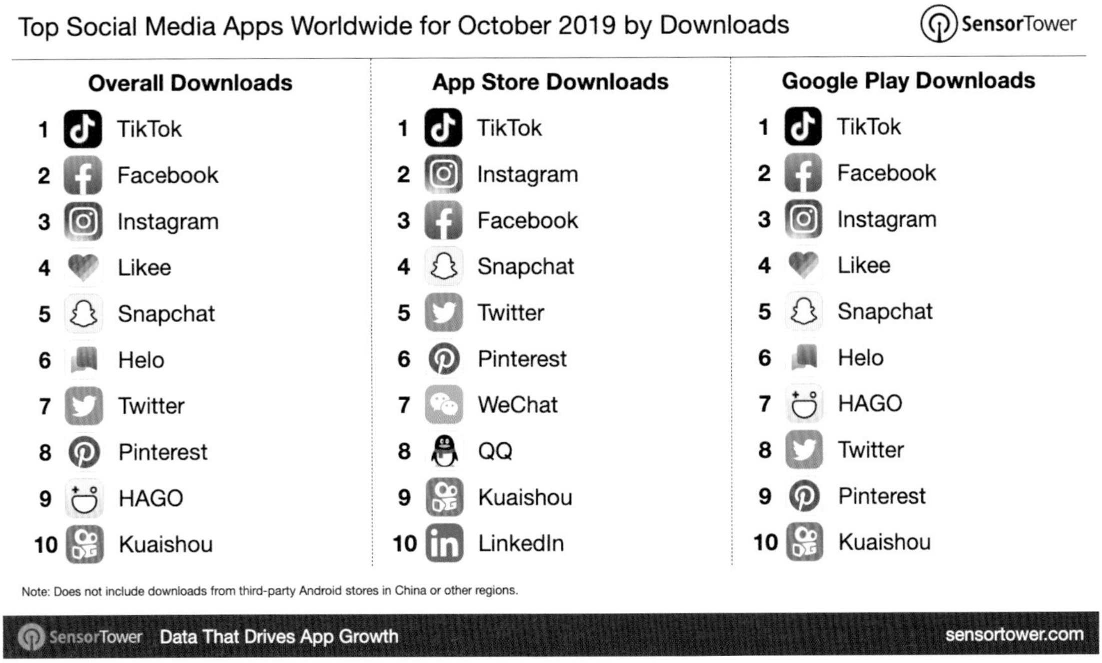

Top Social Media Apps Worldwide for October 2019 by Downloads

Overall Downloads	App Store Downloads	Google Play Downloads
1 TikTok	1 TikTok	1 TikTok
2 Facebook	2 Instagram	2 Facebook
3 Instagram	3 Facebook	3 Instagram
4 Likee	4 Snapchat	4 Likee
5 Snapchat	5 Twitter	5 Snapchat
6 Helo	6 Pinterest	6 Helo
7 Twitter	7 WeChat	7 HAGO
8 Pinterest	8 QQ	8 Twitter
9 HAGO	9 Kuaishou	9 Pinterest
10 Kuaishou	10 LinkedIn	10 Kuaishou

Note: Does not include downloads from third-party Android stores in China or other regions.

SensorTower Data That Drives App Growth   sensortower.com

图1-1 Sensor Tower发布的2019年10月各大手机Apps平台下载排行榜

抖音，是一款可以拍摄、制作、发布和传播短视频的创意短视频社交软件。它在2018年第一季度就已经成为全球下载量最大的App之一，这也标志着短视频已经开始受到越来越多人们的喜爱。

移动互联网兴起以后，基本上可以分为这样三个时期：

① 以文字为主的2G时代：以博客（Blog）、微博、Twitter为代表，主要由创作者们以文字为载体进行创作，读者来阅读。这是因为2G网速较慢，只能流畅地加载文字所致。

② 以图片为主的3G时代，以微信朋友圈、Instagram为代表，创作者们以拍摄照片、绘制图像等形式，将图片上传，供网友们来观看。而此时3G网络的网速，已经可以流畅地加载图片。

③ 以短视频为主的4G、5G时代，以抖音、快手、bilibili（B站）为代表，创作者们将自我

1

拍摄、剪辑、制作完成的短视频上传，供网友们来观看。此时的短视频以几分钟甚至十几秒的时间长度为主，用于满足人们在碎片化时间进行娱乐的需求。此时的4G，甚至5G网络，已经足够支撑起视频文件的体积，使观众流畅地观看短视频。

1.1 什么是短视频 ▶▶▶

短视频是视频短片的简称，指时间长度一般在5分钟以内，几秒到几分钟不等，在各种新媒体平台上播放的，适合在移动状态和短时休闲状态下观看的高频推送的视频内容。内容融合了技能分享、幽默搞笑、时尚潮流、社会热点、街头采访、公益教育、广告创意、商业定制等主题。由于内容较短，可以单独成片，也可以成为系列栏目。

不同于微电影和直播，短视频制作并没有像微电影一样具有特定的表达形式和团队配置要求，具有生产流程简单、制作门槛低、参与性强等特点，又比直播更具有传播价值。超短的制作周期和趣味化的内容对短视频制作团队的文案以及策划功底有着一定的挑战。优秀的短视频制作团队通常依托于成熟运营的自媒体或IP，除了高频稳定的内容输出外，也有强大的粉丝渠道。短视频的出现丰富了新媒体原生广告的形式。

短视频从类型上区分，主要可以分为以下几项。

短纪录片： 一条、二更是国内较早出现的短视频制作团队，其内容多数以纪录片的形式呈现，制作精良。其成功的渠道运营率先开启了短视频变现的商业模式，被各大资本争相追逐。

产品介绍： 随着短视频的兴起，淘宝等电商平台也开始要求商家制作产品展示的短视频，抖音也开始加入视频卖货的功能。产品评测、展示、推荐的短视频也开始成为电商产品的标配。

网红IP： papi酱、李子柒、冯提莫等网红形象在互联网上具有较高的认知度，其内容制作贴近生活。庞大的粉丝基数和用户黏性背后潜藏着巨大的商业价值。

草根搞笑： 以快手为代表，大量草根借助短视频风口，在新媒体上输出搞笑内容。这类短视频虽然存在一定争议性，但是在碎片化传播的今天也为网民提供了不少娱乐谈资。

情景短剧： 陈翔六点半、报告老板、万万没想到等团队制作的内容大多偏向此类表现形式。该类视频短剧多以搞笑创意为主，在互联网上有非常广泛的传播。

技能分享： 随着短视频热度的不断上升，技能分享类短视频在网络上也有非常广泛的传播，例如以做美食类短视频为主的美食台、曼食慢语等。

街头采访： 街头采访也是目前短视频的热门表现类形之一，其制作流程简单，话题性强，深受都市年轻群体的喜爱。

创意剪辑： 利用剪辑技巧和创意，或制作精美震撼，或内容搞笑鬼畜，有的还加入解说、评论等元素。这也是不少广告主利用新媒体短视频热潮植入新媒体原生广告的一种方式。

Vlog： 多为记录作者的个人生活日常，主题非常广泛，可以是参加大型活动的记录，也可以是日常生活琐事的集合。

今日头条的创始人张一鸣说，短视频将以势不可挡的趋势成为内容创业的下一个风口，只要对平台、内容进行细致的深耕，那么任何人都有机会书写自己的荣光。

短视频用户规模的猛增，必然导致短视频创作人才需求量的猛增。在时代的风口上，短视频创作的价值也日益凸显（图1-2）。

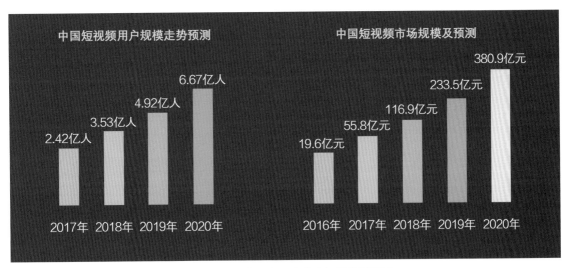

图1-2　中国短视频用户和市场规模及预测

1.2 短视频是怎么创作出来的 ▶▶▶

　　笔者之前和几个朋友一起成立了一个小团队，主要制作美食类的视频。"民以食为天"，这种主题的短视频受众面广，制作起来只需要一个房间、一张桌子、几个道具、一两个人就可以完成，操作性比较强，也比较容易做出爆款。团队之前制作的一部名为《懒人必备，一个人也要好好吃饭系列——勾魂葱油面》的视频，曾在B站上拿到过"最高全站日排行59名"的佳绩（图1-3）。

图1-3　《懒人必备，一个人也要好好吃饭系列——勾魂葱油面》B站数据截图

接下来，使用制作过的一部美食短视频《史上最全火鸡面吃法，你喜欢哪一种呢？》作为案例，完整地介绍一部短视频的制作流程（图1-4）。

一部短视频的制作，大致可以分为前期策划、中期拍摄、后期制作三个部分。

1.2.1 短视频的前期策划

在前期策划环节中，首要任务就是选题。

图1-4 《史上最全火鸡面吃法，你喜欢哪一种呢？》短视频封面

选题，就是要做一部什么片子。这其中又有两个要素要考虑进去，一是以团队的能力能够做一部什么质量的片子，二是什么主题的片子有成为爆款的潜力。

团队能力很容易判断，例如只有两个人、一部手机，那就别想拍复杂的大场面或者动作戏，从小处着手，例如美食、Vlog这种技术难度要求不高的片子。

而什么片子能成为爆款，就需要好好思考一下了。最简便的方法莫过于蹭热点。例如打开微博或者百度的热门话题板块，看看最近流行的是什么，哪些主题容易引起大众的注意，吸引大众去看。在做火鸡面这一期美食视频的时候，正值火鸡面这一韩国的方便食品在《天天向上》节目热播，受到很多人关注。在这样的背景下，这个选题自然具备成为爆款的潜力。

主题确定以后，就需要构思整部短视频的内容和情节了。

因为这一期的主题是"史上最全火鸡面吃法"，所以就要先收集一下当下火鸡面最流行的吃法有哪些。在搜集过程中看到了各种稀奇古怪的吃法，例如板蓝根泡火鸡面、油炸火鸡面等，最后从中选出了4种较为常见的吃法，分别是原味、咖喱味、芝士味和牛奶味，并研究了具体的制作方法。

与此同时，拍摄脚本的编写也要开始了。

编写拍摄脚本，相当于写一篇文章前要列出大纲，内容包括要拍摄的具体内容、摄像机的机位、人员的动作及走位等。拍摄脚本的编写可以很细致，也可以很简单，具体要根据拍摄难度和导演要求而定。

因为该部短片的主要内容是火鸡面的具体做法，不需要过多的拍摄手法和转场，所以编写的拍摄脚本也相对简单，具体如下。

镜头号	机位	内容
1	俯视	烧水，至水开，将面放入，至面熟
2	平视	将面捞出，放入盛满冷水的玻璃碗中
3	俯视	将面捞出放在盘子中，并放入调味料，搅拌均匀
4	平视	拍摄人员试吃，并根据味道做出反应
5		重复1~4镜，分别拍摄咖喱味、芝士味和牛奶味的火鸡面
6		四种口味火鸡面展示，并评分

1.2.2 短视频的中期拍摄

接下来就进入实际的拍摄准备阶段了，首先需要根据拍摄脚本去采购需要的食材、道具、装饰物，然后开始布置拍摄场景，对参与拍摄人员进行定妆，并调试拍摄设备的参数和灯光等。这些准备工作都是为了在拍摄阶段减少布景、调试、拍摄的时间。例如这个片子使用的是佳能D610拍摄的，在同一场景中，将曝光时间调成1/320秒和1/60秒会呈现不同效果（图1-5）。

图1-5　曝光时间不同的拍摄效果

由上图可见，整个场景的曝光时间应该调整为1/60秒。这种前期准备工作做得够细致，拍摄时间就能大幅缩短，从而节省整个项目的制作时间。

中期拍摄部分会在后面的章节中详细介绍，这里不再展开。需要提醒的是，如果要发布的平台是抖音、快手这种手机短视频平台，则需要将拍摄器材调整至竖屏拍摄。

1.2.3 短视频的后期制作

拍摄完成以后，从拍摄设备中拷出所有的视频素材，这时的首要任务就是甄选素材。正常情况下拍的视频素材应该比较多，可以直接导入Premiere软件中进行预览，如果选中合适的素材可以直接拽到Premiere的时间轴上（图1-6）。

图1-6　Adobe Premiere中的剪辑界面

第一步是**粗剪**，即Rough Cut。将镜头按照拍摄脚本的顺序，大致摆放在Premiere的时间轴上，形成影片初样。

　　第二步是寻找合适的背景音乐。 此时也可以根据音乐节奏，对镜头的顺序、连接点进行音乐节奏卡点的剪辑。因为这是韩国的方便食品，所以找的是热门韩剧《来自星星的你》中的一段背景音乐。

　　第三步就是精剪了。 精剪是在粗剪的基础上进行的，通过从保证视频镜头的流畅，到镜头的修整、声音的处理、背景音乐的添加等一系列处理以提高视频质量。精剪完成时，整部短视频的样子基本就出来了。

　　在剪辑的过程中，一般会考虑两个版本：一是传统视频平台上3分钟左右的版本，例如B站、腾讯视频等；二是手机短视频平台上1分钟甚至几十秒的版本，例如抖音、快手等。

　　这两种不同时长的短视频，在剪辑节奏上有不同的要求。

　　1分钟以内的短视频，要求节奏快，在短时间内传递尽可能多的信息，每个镜头平均时长在2秒钟左右，同时为吸引年轻观众，可以采用比较酷炫的转场、特效等。

　　3分钟左右的短视频，因为时间相对较长，如果节奏太快，观众长时间盯着屏幕看就会产生视觉眩晕，因此每个镜头平均时长尽量在5秒钟左右，转场也尽量以最简单的交叉转场为主。

　　在剪辑的过程中，有一个形象的比喻，粗剪就好比人的骨架，粗剪完成，整个片子的骨架就搭建好了；而精剪则是人的皮肉，有血有肉的片子才是完整的。但是精剪完成了依然不够，还需要给片子穿上衣服。

　　给片子穿衣服的过程，其实就是对片子进行整体包装设计。

　　包装的第一步就是调色，也就是对画面的颜色进行调节，使整部片子的画面颜色统一。调色的作用，就好像是"用光和影为影视作品补妆"。在影视后期制作中，优秀的画面色调能让观众更顺利地融入影片的情景中，让色调最大化地渲染影片的情境氛围。

　　以这部美食短视频为例，色调应该偏暖色，因为暖色会让观众觉得食物很美味，而如果视频色调偏冷，尤其是偏绿色，会让观众觉得食物变质，从而失去对视频的兴趣。在局部调色中，可以单独调整画面中的食物，使观众的视觉焦点集中在食物上，图1-7是该视频调色前后的效果对比。

图1-7　调色前后的效果对比

　　只靠没有解说的视频，观众对视频的理解可能会不够全面，因此**第二步可以为视频添加字幕**。图1-8为该短视频添加字幕前后的效果对比。

图1-8　字幕添加前后的效果对比

为了视频的整体效果，可以**适当添加一些特效**，但不宜过多，毕竟不是炫耀特技的片子，而是需要让观众把重心放在美食上。该短视频只用到了一个特效，即片尾处将四种不同口味火鸡面统一展示的效果（图1-9）。

图1-9　特效效果展示

制作完成以后，就可以**对整片进行输出**。在目前主流的视频平台中，兼容性最好的格式是mp4，因此可以在Premiere的导出设置面板中，将格式设置为H.264，这样渲染出来的视频就是mp4格式（图1-10）。

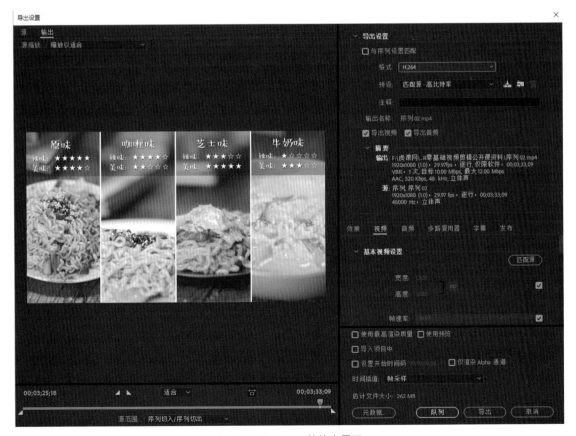

图1-10　Premiere的输出界面

输出完成以后，就需要**在各大视频平台进行发布**了。目前主流的传统视频平台主要有腾讯视频、优酷视频、B站、AcFun等，手机短视频平台主要有抖音、快手、西瓜视频等。

对于传统视频平台，上传在电脑上即可完成，但是对于手机短视频平台则需要先把视频拷到手机里，再通过手机上的App完成上传。

为了让创作的视频可以被更多人看到和搜索到，可以添加一些热门标签，例如美食、吃货、厨艺、火鸡面等。发布成功后，也尽量请亲朋好友多转发一下，这样视频播放量增长以后，视频平台也会将视频推荐给更多观众，从而更容易成为爆款。

1.3 短视频制作需要用到的设备 ▶▶▶

自2015年开始，苹果就开始针对中国市场拍摄春节短片：从最初的《老唱片》《送你一首过年歌》到《新年制造》系列短片。从2018年开始，"知名电影导演+ iPhone 拍摄"的组合上线，由陈可辛执导的新春短片《三分钟》和2019年由贾樟柯执导的短片《一个桶》也陆续上线，讲述的都是和春节、亲情相关的故事。

2020年1月11日，苹果公司在上海环贸iapm商场的Apple Store正式发布了2020新春主题短片《女儿》。此次拍摄由2017奥斯卡金像奖提名影片导演西奥多·梅尔菲（Theodore Melfi）执导，中国演员周迅主演，2020金球奖提名影片摄影指导劳伦斯·谢尔（Lawrence Sher）担任摄影指导。《女儿》全程使用手机iPhone 11 Pro拍摄，全片近8分钟，讲述的是一家三代人欢度春节的故事，周迅饰演的是一名带着孩子开出租的司机。

该短片上线发布后即引起强烈反响，除了剧情被热议外，用手机拍摄高端短视频也成为了热门话题。自此，"手机只是业余级拍摄设备"的观点被抛到九霄云外，手机也成为了短视频创作者们最常用的拍摄设备。

随着手机技术的发展，目前**市面上绝大多数的智能手机都可以用来拍摄短视频**。如果是专门用于拍摄短视频的手机，则需要具备以下功能：

① 4K视频拍摄，30fps以上；

② 基本的视频光学图像防抖功能；

③ 2倍以上光学变焦，3倍以上数码变焦；

④ 慢动作视频，1080p以上，120fps以上；

⑤ 延时摄影，支持防抖功能；

⑥ 立体声录音。

目前苹果、华为、三星、小米、索尼等一线品牌的旗舰手机，都能达到以上拍摄要求。

为了保证手机能够拍摄出稳定的画面，还需要配备一个可以折叠、方便携带，并具有升降和手摇功能的手机三脚架。通常这样的三脚架价格在100～300元之间（图1-11）。

如果有拍摄户外运动镜头、轨迹或动态延时摄影的需求，就需要配备专业的手机云台稳定器。将手机固定在上面进行拍摄时，可以得到稳定的动态画面。目前市场上较为成熟的有大疆、智云等品牌的手机云台，价格在300～700元

图1-11　手机三脚架

之间（图1-12）。

图1-12　手持手机云台稳定器

　　为了得到较好的画面效果，就需要使用灯光进行有针对性的照明。为此，可以配备能调整支架高度和灯光亮度、可放置手机的补光灯。这种灯光一般在拍摄室内场景时使用，市场上的价格在100～300元之间（图1-13）。

图1-13　补光灯

　　除了手机拍摄以外，还有小巧的运动相机，它们可以应用于徒步、登山、攀岩、骑行、滑翔、滑雪、游泳、潜水等运动环境下的拍摄，也可应用于普通家用拍摄或监控等。其优点是丰富的配件可以彻底解放拍摄者的双手，轻松将运动相机固定在头上、手臂上、背包上、头盔上、自行车或汽车挡风玻璃上等，并且拥有多种测光模式和拍摄模式，还可以支持手机WIFI遥控，集优质与便携性于一体。其配件包括标配配件和选配配件。目前市面上较为成熟的有GoPro、大疆运动相机，价格在2000～3000元之间。

1.4 画面镜头种类详解 ▶▶▶

　　画面镜头是组成整部影片的基本单位。若干个镜头构成一个段落或场面，若干个段落或场面构成一部影片。因此，镜头也是构成视觉语言的基本单位，它是叙事和表意的基础。

1.4.1 固定镜头

　　固定镜头 (Fixed Shot) 是指在拍摄一个镜头的过程中，摄影机机位、镜头光轴和焦距都固定不变，被摄对象可以是静态的，也可以是动态的。

　　固定镜头是一种静态造型方式，它的核心就是画面所依附的框架不动，但是它又不完全等同于美术作品和摄影照片。画面中的人物可以任意移动、入画出画，同一画面的光影也可以发生变化。

固定镜头可以根据景别来进行划分。

景别是指由于摄影机与被摄体的距离不同，而造成被摄体在摄影机寻像器中所呈现出的范围大小的区别。景别的划分，一般可分为五种，比如以人体为参照物，由远至近分别为全景（人体的全部和周围背景）、远景（指人体的全部）、中景（指人体腰部以上）、近景（指人体胸部以上）、特写（指人体肩部以上）。

在电影中，导演和摄影师利用复杂多变的场面调度和镜头调度，交替地使用各种不同的景别，可以使影片剧情的叙述、人物思想感情的表达、人物关系的处理更具表现力，从而增强影片的艺术感染力。

全景：全景又称交代镜头，用来表现场景的全貌与角色的全身动作。其允许的活动范围较大，对体型、衣着打扮、身份交代得比较清楚，观众对环境、道具看得很明白。大多数节目的开端、结尾部分都用全景（图1-14）。

图1-14　全景

远景（Long Shot）：画面能够完整展示出角色从头部到脚部的镜头，可能包含场景（图1-15）。

全景画面比远景更能够全面阐释角色与环境之间的密切关系，可以通过特定环境来表现特定角色，基于此，全景在各类影视片中被广泛地应用。而对比全景画面，远景更能够展示出角色的行为动作、表情相貌，也可以从某种程度上来表现角色的内心活动。

图1-15　远景

中景（Medium Shot）：画面能够展示出角色从头部到腰部的镜头，重点表现角色的上身动作，是所有景别中使用频率最高、叙事功能最强的。中景的特点决定了它可以更好地表现角色的身份、动作以及动作的目的。在表现多个角色时，可以清晰地表现角色之间的相互关系（图1-16）。

图1-16　中景

近景（Medium Close-up）：画面能够展示出角色从头部到胸部的镜头，能让观众清楚地看清角色的细微动作。近景着重表现角色的面部表情，是刻画角色性格最有力的景别。近景角色一般只有一个角色做画面主体，其他角色往往作陪体或前景处理（图1-17）。

图1-17　近景

特写（Close-up）：强调角色的面部或其他部位的镜头，能细微地表现角色面部表情，刻画角色，表现复杂的角色关系。在特写镜头下，无论是人物或其他对象均能给观众以强烈的印象（图1-18）。

图1-18　特写

1.4.2 运动镜头

摄影机在运动中拍摄的镜头，叫运动镜头（Moving Shot），也叫移动镜头。

主要分两种拍摄方式，一种是将摄像机安放在各种活动的物体上进行拍摄；一种是摄像者肩扛摄像机，通过人体的运动进行拍摄。这两种拍摄形式都应力求画面平稳，保持画面的水平。

运动镜头一般可以分为推镜头、拉镜头、摇镜头和移镜头，统称为"推拉摇移"镜头。

推镜头：摄像机向被摄主体方向推进，或者变动镜头焦距使画面框架由远而近向被摄主体不断接近，用这种方法拍摄的运动画面，称为推镜头。

推镜头在视觉上能够形成前移效果，具有明确的主体目标，使被摄主体由小变大，周围环境由大变小。

推镜头能够突出主体人物、重点形象、细节和重要的情节因素。推进速度的快慢可以影响和调整画面节奏，从而产生外化的情绪力量。

拉镜头：摄像机逐渐远离被摄主体，或变动镜头焦距使画面框架由近至远与主体拉开距离，用这种方法拍摄的画面叫拉镜头。

拉镜头在视觉上能够形成后移效果，使被摄主体由大变小，周围环境由小变大，使得画面构图形成多结构变化。

拉镜头有利于表现主体和主体与所处环境的关系，有利于调动观众对整体形象逐渐出现直至呈现完整形象前的想象和猜测，常被用作结束性或结论性的镜头，也可以用作转场镜头。

摇镜头：摄像机机位不动，借助于三脚架上的活动底盘或拍摄者自身，变动摄像机光学镜头轴线，用这方法拍摄的画面叫摇镜头。

摇镜头犹如人们转动头部环顾四周或将视线由一点移向另一点的视觉效果。一个完整的摇镜头包括起幅、摇动、落幅三个贯连的部分。一个摇镜头从起幅到落幅的运动过程会迫使观众不断调整自己的视觉注意力。

摇镜头在视觉上具有展示空间、扩大视野的效果；有利于通过小景别画面包容更多的视觉信息；能够介绍、交代同一场景中两个主体的内在联系。在拍摄中，对性质、意义相反或相近的两个主体，通过摇镜头把它们连接起来，可以表示某种暗喻、对比、并列、因果关系。

摇镜头也是画面转场的有效手法之一。

移镜头：拍摄时机位发生变化，边移边拍摄，用这种方法拍摄的画面称为移镜头。它的语言意义与摇镜头十分相似，只不过摇镜头比它的视觉效果更为强烈。移镜头中不断变化的背景使镜头表现出一种流动感，使观众产生一种置身于其中的感觉，增强了艺术感染力。

移镜头使得画面框架始终处于运动之中，画面内的物体不论是处于运动状态还是静止状态，都会呈现出位置不断移动的态势。摄像机的运动直接调动了观众生活中运动时的感受，唤起了人们在各种交通工具上或行走时的视觉体验，使其产生一种身临其境之感。移镜头所表现的画面空间是完整而连贯的，摄像机不停地运动，每时每刻都在改变观众的视点，在一个镜头中构成一种多景别多构图的造型效果，这就起着一种与蒙太奇相似的作用，使镜头有了它自身的节奏。

1.5 拉片 ▶▶▶

有时看到优秀短视频时，往往会惊叹于创作者优秀的表现力。但一部优秀的短视频究竟好在哪里呢？

其实，可以通过"拉片"的形式，逐步去分析一部影视作品。

拉片，用中国戏曲学院影视导演专业教研室主任杨超的话来说，是一种反复观看、暂停、慢放、逐格观看电影的，神经质的观影活动。

具体来说，"拉片"就是把一部影视作品中，每个镜头的内容、场面调度、运镜方式、景别、剪辑、声音、画面、节奏、表演、机位等都记录下来，用于研究。

通过完整记录一部影视作品，可以切身体会到创作者的思路，从而提高对影视作品的审美能力，并在自己的短视频创作中学以致用。

接下来将通过拉片的形式，深入地接触一下短视频。

"拉片"的第一步，是找到一部自己喜欢的、认为水平很高的影视作品。这里选择电影《泰坦尼克号》进行拉片。这部电影在1998年第70届奥斯卡金像奖中，囊获了包括最佳影片奖在内的14个奖项，并在其他电影节中也获奖无数，是一部公认的好电影。

因为全片时间太长，这里只对其中的一段进行拉片，即影片的第80~82分钟，杰克和露丝两人相约在船头，露丝站上船头面相大海的一段。

拉片主要要记录下以下内容：

编号：镜头的序号，从1开始；

镜头：记录镜头的景别、运动的形式；

镜头内容：用文字的形式，记录下这个镜头的具体内容；

对白：镜头中，角色说的话，如果没有可以空着；

时长：这个镜头的时间长度，一般都是以"秒"为单位。

下页表格就是《泰坦尼克号》这部电影中第80~82分钟的拉片记录表。

大家可以通过这种形式，找一部自己很喜欢的影视作品，以拉片的形式，设身处地地感受一下创作者的思路和想法。如果是零基础的短视频创作者，可以多拉几部完整的影视作品，这对提升自己对短视频的审美是很有用的。

时间：第80~82分钟

编号	镜头	镜头内容	对白	时长（秒）
1	远景，俯视，镜头由下往上平移	船头，杰克站在船头		5
2	中景推近景，镜头由下往上平移	杰克忧郁地看着下面的大海，露丝从后面走来，轻轻呼唤他，杰克扭头	你好，杰克	9
3	近景	杰克扭过头来		3
4	中远景	露丝微笑地对着杰克说	我改变主意了	8
5	近景	杰克露出微笑		2
6	全景，由左向右平移	露丝走向杰克		4
7	近景	露丝向左边看了一眼，对杰克说	他们说你可能在这里	2
8	近景	杰克做了个"嘘"的手势	嘘	1
9	近景	露丝不解地望着杰克		2
10	近景	杰克微笑，向前探身	给我你的手	4
11	近景	露丝微笑着，又不解地看着杰克，低头，伸出手		4
12	全景	杰克拉起露丝的手，拉近自己		6
13	近景	露丝欣喜地望向杰克		4
14	特写	杰克笑着对露丝说	闭上眼睛	4
15	特写	露丝犹豫了一下，然后好奇地闭上了眼睛	Go on	4
16	中近景	杰克搂着闭着眼睛的露丝，往船头走，露丝微笑着按照杰克的指示往前走	现在上来	12
17	全景，推镜头	杰克搀扶着闭着眼睛的露丝，站到船头的栏杆上		10
18	近景	杰克从侧面，微笑地对着闭着眼睛的露丝说	眼睛别睁开	4
19	远景，大俯视	船头，杰克拉着露丝的手逐渐张开	你相信我吗我相信你	7
20	远景推近景，正面，镜头摇晃	杰克拉着露丝的手，完全张开，露丝睁开眼睛，露出欣喜的表情		15
21	近景，背面，主观镜头	露丝张开手臂，望向大海		5

第2章

使用Premiere制作抖音卡点视频

看视频作品鉴赏学习
添加学习助手获取服务

现在在B站、抖音上，有很多根据音乐节奏去剪辑图片、影视作品的短视频，其制作技术相对简单，很多人尝试在做，因为剪辑的时候要卡着音乐的节奏点，所以也被称为"卡点视频"。

这是一种典型的根据素材进行二次创作的短视频制作手法。使用自己或者是别人的素材，再找一段节奏强烈的背景音乐，就可以进行剪辑创作了。

这种视频无须自己进行拍摄，只需要在电脑上使用软件进行剪辑就可以。在制作卡点视频之前，先来介绍一下电脑上制作短视频的软件吧。

在短视频的后期制作中，将用到多种软件，本书将主要以Adobe公司相关软件的操作进行讲解（图2-1）。

图2-1　本书将用到的Adobe公司的软件

Adobe Photoshop：简称Ps，处理在视频中出现的图片，制作简单的字幕条，以及设计视频封面图。

Adobe Audition：简称Au，处理在视频中会出现的声音，对同期声进行录制和降噪处理。

Adobe Premiere：简称Pr，将图片、视频、声音等素材剪辑在一起，输出成片。

Adobe After Effects：简称Ae，制作字幕动态、视频特效、合成等。

2.1 短视频的发展历史和规格要求 ▶▶▶

1824年，皮特·马克·罗杰特（Peter Mark Roget）发现了重要的"视觉暂留"原理（Persistence of Vision），这是所有影视作品最原始的理论依据。

　　眼睛在看过一个图像后，该图像不会马上在大脑中消失，而是会短暂地停留一下，这种残留的视觉被称之为"后像"，视觉的这一现象则被称之为"视觉暂留"。

　　图像在大脑中"暂留"的时间大概为1/24秒。也就是说，如果做动画的话，每秒钟需要制作24张图，才能让观看者感觉动作很流畅。

　　1895年12月28日，在法国巴黎卡普辛路14号的大咖啡馆地下室，卢米埃尔兄弟❶首次公开放映《火车进站》等影片，标志着电影艺术的诞生（图2-2）。

图2-2　卢米埃尔兄弟和《火车进站》电影

　　帧（Frame）就是影像作品中最小单位的单幅影像画面，相当于电影胶片上的每一格镜头。一帧就是一幅静止的画面，连续的帧就形成动态影像，也就是视频。通常说的帧数或帧频，简单地说，就是在1秒钟时间内传输图片的帧数，也可以理解为图形处理器每秒钟能够刷新几次，通常用fps（Frames Per Second）表示，也被译为"帧速率"。每一帧都是静止的图像，快速连续地显示帧就能够形成运动的假象。高的帧速率可以得到更流畅、更逼真的动画。每秒钟帧数（fps）越大，所显示的动作就会越流畅。

　　像素（Pixel）是影视作品、图片的画面中最小的组成单位。它是以一个单一颜色小格的形式存在的。对于一部影视作品来说，像素的多少决定了画面的清晰程度。画面的总像素越多，画面就越清晰。

　　随着网络带宽的增加以及视频压缩技术的进步，高清晰度的视频格式也越来越流行，一般在网络平台进行播映的话，就需要以高清视频（High Definition）的规格来进行制作，比较常见的有720p和1080p两种制式。达到720p以上分辨率的视频，是高清信号源的准入门槛，720p标准也被称为HD标准，而1080p标准被称为Full HD（全高清）标准。

　　对于短视频来说，常用的规格设置分为宽屏和竖屏两种。

　　宽屏的短视频主要用于电脑、电视端等宽屏幕如宣传片、广告片、B站视频、腾讯视频、优酷视频等，具体的规格设置如下。

　　720p：画面分辨率为1280×720像素，帧速率为25或30帧/秒。

　　1080p：画面分辨率为1920×1080像素，帧速率为25或30帧/秒。

　　竖屏的短视频主要用于抖音、快手等手机端，具体的规格设置如下。

　　720p：画面分辨率为720×1280像素，帧速率为25或30帧/秒。

　　1080p：画面分辨率为1080×1920像素，帧速率为25或30帧/秒。

---

❶　卢米埃尔兄弟，法国人，哥哥是奥古斯塔·卢米埃尔（Auguste Lumière，1862年10月19日—1954年4月10日），弟弟是路易斯·卢米埃尔（Louis Lumière，1864年10月5日—1948年6月6日），电影和电影放映机的发明人

2.2 素材的类型和格式 ▶▶

制作短视频时要使用到的文件类型，总的来说可以分为三类，即视频文件、图片文件和声音文件。除此之外，还有制作软件的工程源文件。接下来，先对这几种常用的格式做一个介绍（图2-3）。

图2-3　制作短视频用到的素材类型

（1）视频格式介绍

avi文件： Windows系统中使用范围最广泛的视频格式，最大的特点是可以输出无损视频，最大限度地保证视频的质量。

mov文件： Mac系统中使用范围最广泛的视频格式，最大的特点是可以输出无损视频，以及带通道（透明背景）的视频。

mp4文件： 网络范围内使用最广泛的视频格式，最大的特点是视频清晰度高，视频文件体积小，经常用于Premiere的最终输出。

mxf文件： Sony相机和摄像机拍摄出来的常见格式，只能导入Premiere预览。

其他文件： 还有一些网上常用的视频格式，如rmvb、flv等，是无法直接导入后期软件中编辑的，如果需要编辑可以使用视频格式转换软件，例如格式工厂、狸窝等，将它们转换为可直接导入的avi、mov、mp4等格式。

（2）图片格式介绍

jpg文件： 其最大优点是压缩比率高，往往同等质量下，jpg格式的图片体积最小，适合在网络上发布和传播。而它的缺点也正是如此，图片压缩后就会多多少少有一些失真，而视频编辑对图片精度要求较高，所以在后期合成中，jpg很少被使用。

png文件： 图片质量较好，同时它还可以保存图片的通道（透明背景），使后期合成更加快捷有效。

psd文件： 是Photoshop格式，可以保存图层、通道等信息，在与Adobe公司的其他软件进行互相编辑的时候，可以导入这些信息，提高工作效率。

序列图文件： 一张张连续的图片，可以以序列的形式导入后期软件中，形成动态效果，一般用于延时拍摄。

其他文件： 还有一些常见的tif、tga、bmp等图片格式，都可以正常导入Premiere中进行编辑。

（3）声音格式介绍

wav文件： 是声音的通用格式，也是无损压缩的格式，通常在视频编辑中使用的频率最高。

mp3文件： 是被压缩过的声音文件，音质有些损失，但一般情况下也可以使用。有些mp3格式无法导入相关软件进行编辑，这是由于它自身的编码存在问题，可以使用一些音频格式软件，将它转换为wav格式即可。

flac文件： 无损音乐，玩音乐的发烧友们最喜欢的音频格式，但是无法直接导入Premiere中，需要先转换格式。

其他文件： 其他音频格式如aiff、aac、wma较为少见，如果无法直接导入Premiere，需要转换格式。

2.3 Adobe Premiere的基本操作 ▶▶

Adobe Premiere简称Pr，适用于Windows和Mac系统，是国内使用范围最广泛的专业视频剪辑软件。究其原因，是因为国内绝大多数视频制作公司都使用的是Adobe全家桶，Pr和其他Adobe的软件，例如Photoshop、After Effects的兼容性极高，所以使用起来最为便捷。

Adobe官网上，对Premiere这个软件的定义是这样写的：Adobe Premiere 是适用于电影、电视和 Web 的领先视频编辑软件（图2-4）。

图2-4　Adobe Premiere的界面

对于所有的视频剪辑软件来说，它们的基本操作流程几乎都是一样的，大致可以分为素材导入、视频剪辑、成片输出三个步骤。

素材导入： 视频剪辑的时候，需要用到多个不同类型的文件，这就需要在一开始，就将视频、图片、音频等剪辑所需要的素材文件，统一导入Premiere中。

视频剪辑： 在Premiere中，对导入的素材逐一进行时间长度的剪裁，并按照一定的结构顺序把它们在时间轴上组接起来。

成片输出：剪辑完成以后，将整个时间轴上的素材打包输出成一个完整的视频文件。

了解了基本操作流程以后，就可以打开Premiere软件进行操作了。

打开Premiere软件，会先弹出主页面，面板上会显示出最近使用过的Premiere源文件。如果是第一次打开Premiere软件，"最近使用项"一栏是空的，这时就可以点击左侧的"新建项目"按钮，来创建第一个Premiere项目（图2-5）。

图2-5　Premiere的主页面

在弹出的"新建项目"面板中，在"名称"一栏输入项目的名字，例如"抖音卡点视频剪辑"，在"位置"一栏，点击后面的"浏览"按钮，可以选择该项目文件在电脑中保存的位置。其他参数可以不用设置，然后按下"确定"按钮（图2-6）。

进入Premiere的主界面，会发现现在的整个界面都是空的。在进行剪辑之前，还需要执行菜单的"文件"→"新建"→"序列"命令，在弹出的"新建序列"面板中，设置可用预设为"ARRI 1080p 25"，即要制作视频帧大小为1920×1080像素、帧速率为25帧/秒的标准1080p视频，也可以点击上面的"设置"按钮，查看或调整具体的参数（图2-7）。

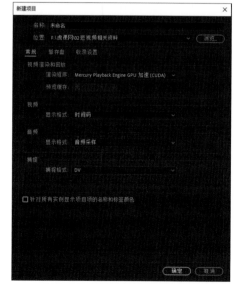

图2-6　Premiere的新建项目面板

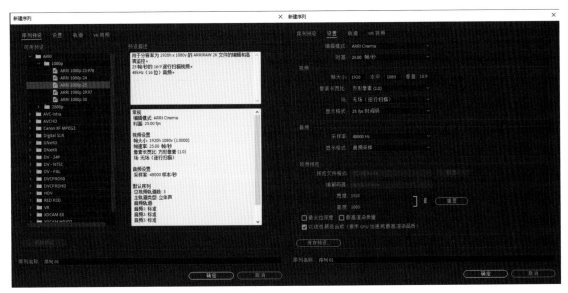

图2-7　Premiere的新建序列面板

　　按下"确定"按钮，Premiere的主界面就开始变得丰富起来，时间轴也显示了出来，这样就可以进行短视频的制作了（图2-8）。

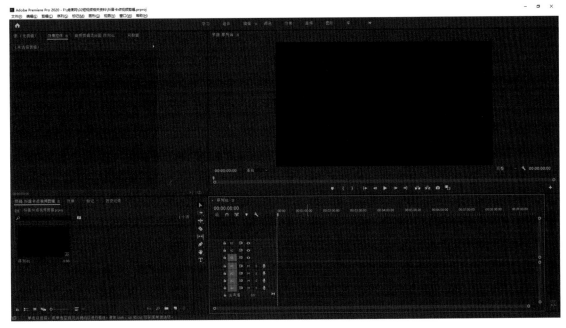

图2-8　Premiere的主界面

2.4 如何将素材导入Premiere中 ▶▶▶

　　接下来将通过一个实际案例，来完整地讲解一下，一个抖音卡点短视频是怎样使用Adobe Premiere制作出来的。

　　在这个案例中，所使用到的素材种类较多，图片格式有jpg、psd、png、tif和序列图，视频格式是mov，声音格式是flac（图2-9）。

首先需要将这些素材都导入Premiere软件中。

导入素材的方法有很多种，比较标准的做法是执行菜单的"文件"→"导入"命令，或使用快捷键Ctrl+I，在弹出的导入面板中，选中需要导入的文件，点击右下方的"打开"按钮，即可将文件导入Premiere的项目面板中（图2-10）。

图2-9　案例中将使用到的素材

图2-10　Premiere的导入面板

还可以通过双击"项目"面板中的空白区域来导入素材。导入后，素材会显示在"项目"面板中。如果Premiere的主界面中没有项目面板，需要执行菜单的"窗口"→"项目"命令，在主界面中打开"项目"面板进行操作。

在项目面板左下角，可以将素材的显示模式设置为"列表视图"、"图标视图"和"自由变换视图"三种，推荐使用"图标视图"，这样可以更直观地看到素材的内容。

如果导入的素材在项目面板中顺序较乱，可以点击项目面板底部的"排序图标"按钮，按照不同的排序规则调整素材的排列顺序（图2-11）。

图2-11　导入素材后的项目面板

如果导入的是带图层的psd格式素材，会弹出一个"导入分层文件"的设置面板，可以在"导入为"选项中，设置导入图层的形式（图2-12）。

提供的素材当中有一个"动画序列图"文件夹。序列图常用在延时摄影或者动画制作中，是指一张一张的图像连在一起的图片文件，可以将它们作为一个动态文件导入。

选中第一张图片后，在导入面板的下方，勾选"图像序列"选项，然后点击右下方的"打开"按钮，即可批量导入序列图片（图2-13）。

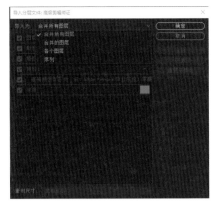

图2-12　导入分层文件的设置面板

图2-13　导入图像序列

素材中有一个"背景音乐.flac"文件，是无法直接导入Premiere中的。可以使用格式转换软件，例如格式工厂、狸窝等，将它转换为通用的wav音频格式后，就可以导入Premiere中了。

2.5 如何使用Premiere进行剪辑 ▶▶▶

将素材导入以后，就可以进行剪辑了。在Premiere中，剪辑基本上都是在时间轴面板上进行的。如果仔细看会发现，时间轴面板分为上下两个部分，各4个轨道。上半部分的4个轨道都是以V开头的，是Video（视频）轨道，可以将视频、图片素材放在里面；下半部分的轨道都是以A开头的，是Audio（音频）轨道，用来放置各种声音素材。

第一步，先把已导入的"001.jpg"图片素材，用鼠标左键拽到Premiere时间轴的V1轨道上。这时会看到，该素材已经在"节目监视器"面板中显示了出来。但是该素材在时间轴上显示得特别小，可以按下键盘的"＋"键，将时间轴放大显示，同样，按下键盘的"－"键，可以将时间轴缩小显示。放大后会看到，该图片素材在时间轴上的持续时间是5秒钟（图2-14）。

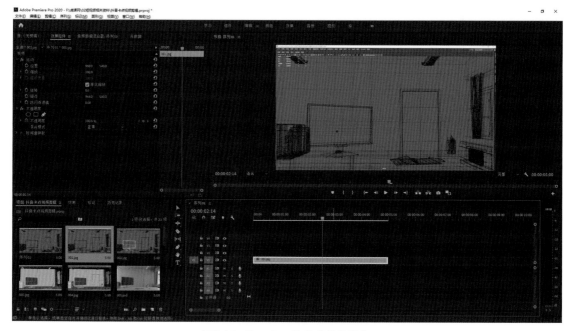

图2-14　Premiere的基础剪辑操作

　　第二步，把转换成wav格式的背景音乐素材拖拽到时间轴的A1轨道上，将鼠标放在时间轴前面的A1和A2的连接处上下拖拽鼠标，使A1轨道加宽显示，这样可以把音频的波形效果展示得更加清晰，便于在剪辑时对准节奏点（图2-15）。

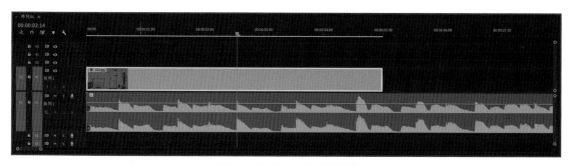

图2-15　时间轴上的音频波形

　　第三步，剪辑。剪辑的第一个字是"剪"，顾名思义，要把素材进行裁剪，即剪掉不需要的部分，改变素材的时间长度。

　　在Premiere中，常用的裁剪素材的方法有两种：

　　① 点击工具栏上的"剃刀工具"，或者按下键盘的"C"键切换到"剃刀工具"，接着在时间轴上点击要裁剪的素材，就可以把该素材裁切为两段，再点击工具栏上的"选择工具"（也可以使用快捷键"V"键），选中不需要的部分，按下键盘的Delete键删除；

　　② 使用"选择工具"，放在素材起始或结束的位置，按住鼠标往素材的中部拖拽，就可以直接将素材不需要的部分去掉。

　　在时间轴上00:00:00:14的位置，将视频素材剪开，使第一个镜头的结束点卡在音频的第一个波峰上（图2-16）。

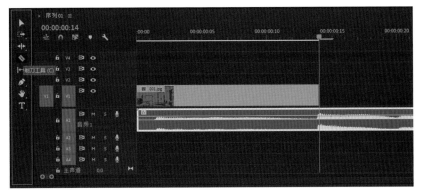

图2-16　工具栏上的"剃刀工具"

按下键盘的空格键，就可以预览一下视频效果了。可以边预览边观察音频波形，会发现当音频处于波峰的时候，正好是音乐的节奏点。其实卡点视频的原理，就是将镜头与镜头之间的连接处，放在音频波峰的位置。

第四步，继续把素材拖动到时间轴上。

拖动已导入的"002.jpg"到时间轴上，放在"001.jpg"的后面，会发现"002.jpg"在节目监视器中并没有完全显示出来。这是因为设置的序列大小是1920×1080像素，而"002.jpg"是2600×1456像素，素材比序列的尺寸大，所以超出的部分没有显示出来。

这种素材与序列尺寸不符的情况，在剪辑中是很常见的。这就需要调整素材的大小、位置或角度，以适应和匹配序列的尺寸。

具体的操作是，在时间轴上选中要调整的"002.jpg"，在"效果控件"面板中，会显示出该素材的所有参数。如果Premiere的主界面中没有"效果控件"面板，需要执行菜单的"窗口"→"效果控件"命令，就可以在主界面中打开"效果控件"面板进行操作了。

在"效果控件"面板中，"位置"后面的两个参数用于调整素材横向和纵向的位置；缩放用于调整素材的大小；旋转用于调整素材的角度。这里需要将"002.jpg"的缩放参数调整为74左右，即将素材缩小至原尺寸的74%左右，和序列大小保持一致（图2-17）。

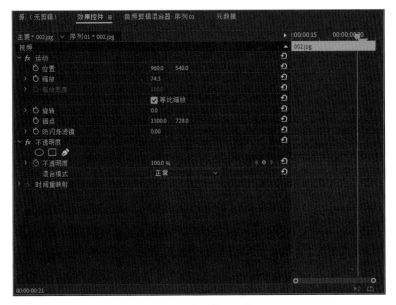

图2-17　效果控件面板

第五步，将素材按照命名的顺序，并对应音频波峰的位置，依次在时间轴上排列好。

因为前面的素材都是图片，没有动态效果，用"剃刀工具"剪辑的时候，只会改变素材在时间轴上的时长，不会减少内容。而将序列图的文件拖入时间轴以后，因为是动态的，如果还是用以前的剪裁方法，会删除被裁减掉的内容。如果只是希望改变播放的时长，而内容也要保持完整的话，可以在工具栏上，用鼠标按住第三个工具，在弹出的浮动菜单中选择"比率拉伸工具"，或者按下快捷键"R"键，放在动态素材的结尾处，用鼠标拖拽，就可以通过改变动态素材的播放速度，来达到改变素材时长的目的（图2-18）。

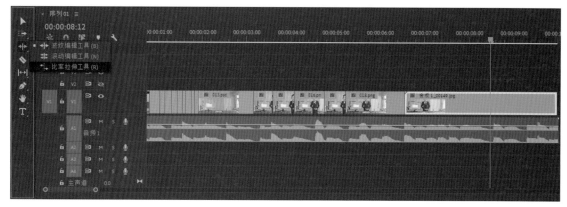

图2-18　比率拉伸工具

第六步，因为背景音乐只有10秒钟，所以排列好最后一个序列图素材后，将超出10秒的部分剪掉。

第七步，把已导入的"证件出场动画.mov"拖入时间轴的V2轨道，放在整个剪辑视频的最后面，因为该素材是有透明背景的mov格式，可以把下面V1轨道的画面透出来，这样就形成了两个素材合成在一起的效果（图2-19）。

图2-19　合成素材

2.6 使用Premiere输出成片 ▶▶

完成剪辑以后，就需要进行成片输出了。

目前，**短视频最常用的格式就是mp4**，各大短视频平台也都推荐上传视频的格式为mp4或flv，因为这样可以在后台更快地进行转码。

在Premiere中点击下一时间轴，再执行菜单的"文件"→"导出"→"媒体"命令，或按下快捷键Ctrl+M，就可以打开"导出设置"面板。

将"格式"设置为"H.264"，这样导出来的视频就是mp4格式。如果"格式"项呈灰色不可选状态，可以取消上面的"与序列设置匹配"项的勾选（图2-20）。

图2-20　导出设置面板

点击"输出名称"后面的序列名称，就可以打开"另存为"的窗口，设置导出视频的保存位置，以及命名。

勾选下面的"导出视频"和"导出音频"选项，这样可以使视频和音频打包一起输出。

在基本视频设置当中，视频的宽度和高度是和序列设置保持一致的，呈灰色不可调整状态。如果需要调整输出视频的宽度和高度，可以先取消后面的勾选，点击宽度和高度右侧的参数，即可输入具体的数值进行调整（图2-21）。

有很多短视频平台对上传视频的体积大小有限制要求，因此在输出的时候，需要控制输出的视频文件的大小。在"比特率设置"一栏中，调整"目标比特率"的大小，数值越高，视频画质越好，但是视频的体积就越大，反之，视频画质降低，视频的体积就会相应地变小。这就需要根据短视频平台要求的上传文件大小来调整。

当调整"目标比特率"的时候，"导出设置"面板左下角的"估计文件大小"也会有相应的改变。这一项是根据设置的参数，来估计导出的文件大小，不一定准确，但是可以给剪辑师提供参考。

如果对导出视频体积大小没有要求的话，可以将"目标比特率"和"最大比特率"设置为10和12（图2-22）。

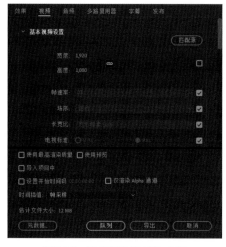

图2-21　设置视频宽度和高度

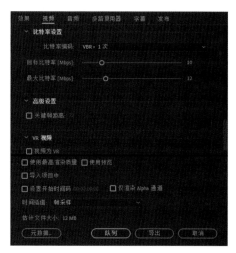

图2-22　设置比特率

都设置好以后，点击"导出"，Premiere会弹出"编码"窗口开始渲染输出，窗口关闭即输出完成（图2-23）。

图2-23　编码渲染输出

第3章 淘宝商品短视频前期策划和拍摄

随着短视频的兴起，各大电商平台也开始推出相应的技术和推广支持。以淘宝为首的电商平台，开始要求入驻的店家们，以短视频的形式来展示商品。

目前，各大品牌都已经在商品展示头图或详情页的位置投放短视频，用动态的形式来展示自己的商品，这样可以让消费者对商品有更加直观的感受，以此提高商品的销量率（图3-1）。

图3-1　某品牌商品在淘宝上用短视频的形式展示商品

以淘宝为例，要求商家展示的短视频必须是实拍的形式，有镜头的切换、运镜，不能全都使用图片进行合成，也不建议制作幻灯片式的视频，必须添加合适的背景音乐。

现在淘宝商品的短视频大致可以分为以下两种类型：

商品展示型： 时长在9~30秒之间，主要用于单品外观、功能的展示。这种类型占绝大多数。

内容型： 时长在3分钟以内，是在展示商品的基础上，加入了情景、剧情，甚至演员的短视频。这种短视频因为时长超标，不能用于头图展示，多用于商品详情页的展示。

接下来将通过一个实际案例，来完整地讲解一下一个淘宝商品短视频是怎样制作出来的。

3.1 淘宝视频的规格要求 ▶▶▶

在制作淘宝商品视频之前，先要确定制作的视频尺寸及规格要求。

现在的电商平台，都分为PC端和移动端两大部分。以淘宝为例，极光调研的数据显示，手机淘宝日人均使用频次超过4次。

根据PC端和移动端对短视频的不同要求，所制作的淘宝商品短视频的尺寸比例也需要分为两种。

PC端：1：1或16：9，建议选1：1的正方形。这样的尺寸更能满足头图的展示需求，消费者的观看体验也是最佳的。

移动端：3：4或9：16的竖屏都可以，建议选3：4。淘宝也鼓励商家上传3：4的视频，并支持在爱逛街频道播出。制作头图视频即可获取曝光机会，优质视频可直接被频道抓取后展现。

对于视频的尺寸大小，淘宝的建议是长度和宽度都不得低于800像素，上传的视频格式尽量以mp4格式为主。

这里建议在制作淘宝短视频的时候，还是以1080p的视频规格为主，即画面分辨率为1920×1080像素，帧速率为25或30帧/秒。这样在制作完以后，由于尺寸较大、画质较高，就既可以将视频裁剪为1080×1080像素的1：1规格，又可以将其裁剪为810×1080像素的3：4规格，基本可以满足淘宝对短视频尺寸大小的要求。

对于视频的时间长度，淘宝的要求是不能超过60秒，但是在实际的展示过程中，消费者一般只能在视频上停留10~30秒，所以商品的头图短视频的长度最好控制在30秒以内。

在实际的制作过程中，最好是先剪辑一个完整的60秒版本，再根据不同电商平台的要求，分别剪辑出30秒、15秒、8秒等不同版本。这些视频中，30秒以内的版本，可以放在商品头图的位置进行展示，而完整的60秒版本，可以放在商品详情页的位置进行展示（图3-2）。

图3-2　天猫详情页上的短视频

综上所述，在制作淘宝商品短视频的时候，前期策划中要尽可能地根据商品的卖点和需求，先列出完整版本的文案，然后再精简为多个不同时间长度的文案。中期拍摄时，尽量拍摄出最高清晰度的素材，制作完成后再将其裁剪或压缩为多个低精度版本，这样能最大化地保留画面效果。

3.2 商品文案和脚本的编写 ▶▶▶

商品文案，讲究以精练的文字，提取商品的特点，并准确地传达给消费者。因此，商品文案的编写可以简单分为两步，即提取商品卖点和编写具体文案。

在拿到商品以后，先要对商品进行全方位的了解，一般会要求商品部门提供关于所拍摄商品的所有资料，自己也需要在网络上搜索一下相关商品的广告或短视频。

在这个案例中，围绕浙江红雨医药用品有限公司旗下"开颜"品牌的艺术家系列棉签来进行创作。

在厂商提供的商品PPT简介中，了解到该商品的卖点主要是"家居布置点睛之笔；邀请插画师手工定制六款画面；您的品味，由我们的著作权来保护；纸盒装，更环保"（图3-3）。

开颜艺术家系列棉签：

家居布置点睛之笔
邀请插画师手工定制六款画面
您的品味，由我们的著作权来保护
纸盒装，更环保

图3-3　厂商对该商品的介绍

对以上的卖点进行分析，发现四个卖点中，前三个都是关于商品包装设计的，而最后一个卖点是商品包装的环保性。这可以说明，厂商认为商品最大的卖点在于包装设计很精美。但是对于普通消费者而言，外包装只是一个方面，棉签这种卫生用品的用料、卫生情况也是值得关注的。

通过跟商品部门沟通，发现这款棉签的用料是新疆长绒棉，生产过程中也没有添加任何荧光剂，这些都是可以作为卖点进行展示的。

在淘宝上对市场上其他棉签商品宣传文案进行调查，发现棉签的数量也是一个卖点。该商品的容量是每盒180支，在棉签商品中属于超大容量。

于是，提取出该商品的几个卖点：原创设计、精美印刷、超大容量、新疆长绒棉、不含荧光剂。

有了卖点的关键词以后，就可以开始进行文案的编写了。

很多人觉得，好的文案一定文采飞扬，辞藻华丽。这种想法其实是错误的。

文案最重要的作用，就是能够把信息准确地传达给用户，这就需要文案"形象、直接、易懂"。因为在电商平台上，用户看一个商品的头图视频的时间，大概只有10秒钟，如果一个短视频的文案需要用户想一下才能理解，那这个文案大概率就是失败的，因为用户往往不会有那么多耐心。

例如，在写该商品"原创设计"这个卖点文案的时候，如果写的是"精美的原创设计"，用户会对"精美"这个词产生不一样的理解，因为每个人的审美观是不同的。如果改为"艺术品级的原创设计"，就把该商品的设计升级并定性为"艺术品"，这时用户往往更能直观地感受到该原创设计的精美程度。

同理，在写"精美印刷"卖点的时候，"细腻的精美印刷"就不如"视网膜级的精美印刷"更直观。

后三个卖点其实是和用户的使用体验息息相关的，因此在写这种文案的时候，最好能抓住受众的心理共鸣。用户在接受一个信息或文案时，首先传递给大脑的第一反应是：这个信息对我是否有用？

例如第三个卖点"超大容量"，观众如果直接看到的文案是"超大容量的棉签"时，往往会反应一下"超大容量棉签的作用是什么？"而如果将文案改为"超大容量，经久耐用"的话，那么观众就能马上明白超大容量的棉签能起到什么作用了。

同理，后两个卖点的文案可以写成"精选新疆长绒棉，天然亲肤"和"不含任何荧光剂，安全卫生"。

该商品的完整文案为：

> 艺术品级的原创设计；
> 视网膜级的精美印刷；
> 超大容量，经久耐用；
> 精选新疆长绒棉，天然亲肤；
> 不含任何荧光剂，安全卫生。

文案定下来以后，就可以开始脚本的编写了。

脚本的作用，就是为文案配上直观的画面。具体来说，就是告诉拍摄者每一个镜头到底要拍什么样的内容。脚本的形式和第一章中的拉片表是一样的，都需要有编号、镜头、镜头内容、对白（文案）、时长等内容。

在编写脚本之前，需要先来构思一下整部短视频的画面感觉。

一般棉签都是放在家里的，而且厂商对商品的介绍中，也有"家居布置点睛之笔"的内容，因此，整体的画面需要营造家的感觉，以及温馨的氛围。

"家"给人一种什么样的感受呢？每个人对"家"的感受可能都不太一样，但是有一点肯定是一样的，这就是"家是休息的地方"，而睡觉是最好的休息。当睡醒的时候，看到一缕阳光照射进来，房间逐渐被阳光照亮，"家"的气氛就慢慢浮现出来了。

因此，在第一个镜头中，可以设计这样一个场景：桌子上，一缕阳光从窗口照射进来，慢慢将商品照亮。

然后，再根据文案，逐一展示商品的卖点。该短视频的完整脚本如下页所示。

文案和脚本编写完以后，需要发给商品部门再沟通一下。确认以后，就要按照最终脚本的内容，去购买和准备相应的道具、材料、设备，例如荧光剂检测笔、空白A4纸等，然后就可以进入中期拍摄环节了。

时间：30秒

编号	镜头	镜头内容	对白 / 字幕	时长（秒）
1	全景	家里，桌子上，一缕阳光从窗口照射进来，将商品照亮，商品全家福		5
2	远景	商品的完整展示	艺术品级的原创设计	3
3	特写	商品包装的局部特写	视网膜级的精美印刷	3
4	大特写	棉签商品的特写，展示棉签上的棉花	精选新疆长绒棉，天然亲肤	3
5	近景	慢动作，大量的棉签从镜头上方落下，密密麻麻地落在商品包装的前面	超大容量，经久耐用	4
6	远景	拿着荧光剂检测笔，通过照射普通A4打印纸和棉签，做出对比	不含任何荧光剂，安全卫生	4
7	全景	展示全部商品		3
8	定版	出商品Logo		5

3.3 室内拍摄场景布置 ▶▶▶

拍摄场景要根据脚本的要求进行场景布置。

因为拍摄的商品较小，因此布置的场景也相对简单。前景摆了一张木质的小茶几，将拍摄的商品放在上面，作为拍摄的主场景。远景放了一张布艺沙发，柔软的感觉能营造出一种慵懒放松的感觉。

在布置场景的时候，最好把拍摄设备架好，通过取景框来观察场景，以得到更直观的拍摄画面效果（图3-4）。

图3-4　取景框中的拍摄场景

接下来需要布光，即布置灯光来照亮拍摄场景。

在布光的时候，首先要考虑的是照亮物体，只有照亮了物体，才能够对其进行调节，才能够显现出更为适合场景的气氛。因此，照亮物体是布光的基础。但这个照亮并不是将物体照得很亮，有时候为了突出扑朔迷离的效果，往往使物体只显现出大致的轮廓线，这些都要根据实际需要去布置。

在淘宝商品的拍摄中，**一般会使用行业标准的"三点照明"方法进行布光。**

三点照明，又称为区域照明，顾名思义，是使用三个光源去照亮物体，一般用于较小范围的场景照明。如果场景很大，可以把它拆分成若干个较小的区域进行布光。三个光源分别为主体光、辅助光与轮廓光，具体的布光位置如图3-5所示。

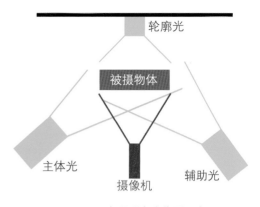

图3-5 三点照明布光位置示意图

主体光（Key Light）： 通常用它来照亮场景中的主要对象与其周围区域，并负责为主体对象投影。主要的明暗关系由主体光决定，包括投影的方向。

辅助光（Fill Light）： 又称为补光。用一个聚光灯照射扇形反射面，以形成一种均匀的、非直射性的柔和光源，用它来填充阴影区以及被主体光遗漏的场景区域，调和明暗区域之间的反差。通常辅助光的亮度只有主体光的50%~80%。

轮廓光（Rim Light）： 以大逆光的形式，从背面向物体照射，使物体的边缘形成强烈的光照效果，以突出物体的轮廓，让物体的造型更加突出。

这些光源照射物体的效果如图3-6所示。

图3-6 三点照明效果示意图

在该案例的实际布光中，可以充分利用自然光、室内光等现有光源，再配合一盏补光灯，来模拟三点照明的效果。

因为要营造阳光照进来的视觉效果，整个拍摄场景被设置在一面大的落地窗旁边，这样就可以有效地利用自然光作为主体光。

房间天花板上有吸顶灯，位置正好位于窗户的另一侧，打开吸顶灯可以有效照亮物体的阴影区，作为辅助光来使用。

再使用一盏补光灯，从背侧面对物体阴影区进行照明，作为轮廓光来使用（图3-7）。

在布置商品的时候，尤其要注意以下三点：

图3-7 案例中的布光示意图

① **保证商品清洁**。在拍摄商品的时候，一定要确保商品本身的洁净，不能有明显的灰尘、污渍、擦痕、线头、手印等，这些微小的污染物会在镜头下异常显眼。这就需要在拍摄前把商品整理干净。整理时，需要戴上手套，用软布或湿巾仔细清理，也可以使用软毛刷、清洁剂等。

② **整理商品外观**。如果商品的包装盒过于松垮，建议使用双面胶将包装盒整理紧致，以免影响商品形象。

③ **照亮商品本身**。布光要围绕着商品进行，尽可能让商品成为画面中最明亮的部分，这样可以突出商品主体，调整灯光时将补光灯的照明强度调高，照亮物体的阴影区（图3-8）。

图3-8　补光灯调亮前后的效果对比

3.4 使用手机进行拍摄 ▶▶▶

这个案例中基本上都是固定镜头，要求手机在拍摄时固定不动，因此就需要使用三脚架来进行配合。

这里以iPhone 11 Pro手机的拍摄设置为例进行讲解。在整个拍摄过程中，要拍摄图片和视频两种素材。

3.4.1 使用手机拍摄图片素材

图片也是短视频制作中的重要素材。以iPhone为例，它的后置摄像头拍出来的图片尺寸能达到4032×3024像素，完全可以使用在1080p的视频中。

另外，使用iPhone的"人像"模式拍摄图片，会得到优秀而准确的景深效果，而拍摄视频则不行。

景深效果，是摄影技术里常用的一个名词。一般而言，无论是摄像机还是照相机都有一个聚焦的范围，即把摄影的焦点放在某一个距离段上，将这个距离段的物体清晰化，而脱离了这个距离段的物体都模糊处理，这种效果称为景深（Depth of Field）。

因此，在短视频的中期拍摄过程中，可以拍摄一些高清晰度的图片，在后期制作的时候，使用平移、放缩的方法，使图片产生动态效果，作为短视频的一部分。

在拍摄之前，打开手机的"设置"→"相机"面板，打开"网格"，这样可以在拍摄界面上显示出网格，便于画面的定位。

iPhone 11 Pro有超广角、广角和长焦三颗摄像头，因此在使用iPhone拍照系统时，操作界面右侧会出现"0.5×"、"1×"和"2×"共3种不同的变焦模式，分别切换一下就会发现，数值越高，物体离画面就越近，反之则越远（图3-9）。

图3-9　1倍变焦和2倍变焦的效果对比

图3-10　"人像"模式下的效果

图3-11　各个商品的定版照

将"照片"模式切换为"人像"模式，会看到画面变成了2倍变焦，也显示出近景的商品清晰，而远景的沙发模糊的景深效果。如果近景的商品是模糊的，可以用手指在手机屏幕上点一下商品，就能够使商品清晰了。

由于iPhone的默认设置是自动曝光和自动对焦，所以拍出来的照片可能在景深和亮度上会有差异。如果已经调到了满意的效果，可以用手指在手机屏幕上按住拍摄的主体物几秒钟，会弹出"自动曝光/自动对焦锁定"的字样，手机就不会再自动改变参数了。如果希望在锁定后手动调节亮度，可以用手指按着对焦点，等到旁边出现一个小太阳的图标时，向上或向下拖动，就可以改变曝光效果（图3-10）。

如果想要调整景深的强度，可以点击左上角的"f 2.8"，调节最大光圈数，光圈参数越大，景深效果越小。

现在就可以进行拍摄了，拍摄的时候需要牢记一点，即"图片是视频的补充"。也就是说，要知道哪些效果是图片可以拍出来，而视频拍不出来的。

在手机拍摄中，拍摄图片最大的优势就是有景深效果。例如文案中要体现"新疆长绒棉"，这就需要把手机放在距离商品很近的地方，用"人像"模式的景深效果拍摄，才能拍出棉签上面的"绒"。

值得注意的是，最好给每一款商品都单独拍摄一张，这样可以作为"定版照"，在介绍每个商品的开头部分使用。然后再将所有的商品放在一起拍一张"全家福"，这样可以在剪辑的时候用在片尾，或者在片中灵活运用（图3-11）。

3.4.2 使用手机拍摄视频素材

为了方便后期使用，建议在拍摄视频素材时，将拍摄尺寸、帧速率和画质都调制到最高。

以iPhone 11 Pro为例，在拍摄之前，打开手机的"设置"→"相机"→"录制视频"面板，设置为"4K，30fps"，这样拍摄出来的视频就可以达到4K的高分辨率，帧速率也会达到30帧/秒。画质清晰，但视频体积也大，以这种规格拍摄出来的视频，每分钟的文件体积约为350MB。

拍摄的时候，尽量以**1倍**或**2倍**变焦来拍。如果需要微调的话，也可以用手指按住界面上的**1×**或**2×**图标，就会弹出变焦界面，可以任意调节变焦参数（图3-12）。

由于器材只有一盏补光灯，因此在拍摄的时候，需要尽可能地发挥自己的主观能动性，充分使用一切可以使用的道具和资源。例如拍第一个镜头时，需要拍摄阳光缓缓照亮桌子

图3-12　iPhone拍摄视频时的变焦界面

上的棉签。按照正常的思路，需要使用延时拍摄，从早上天不亮就开始拍，一直拍到上午太阳完全出来。但是这样的拍摄太过于费时费力，所以在实际拍摄中，采用的是缓缓拉开窗帘，再把补光灯缓缓调亮的方式，这样也能拍出商品被照亮的过程，耗时仅仅不到一分钟，最终效果也比较理想（图3-13）。

图3-13　拍摄商品被缓缓照亮的过程

在一些镜头的拍摄中需要有人进行操作。例如根据脚本在镜头3中展示过外包装的精美后，如果直接切换到镜头4打开包装展示内部棉签的话，会在逻辑上有些突兀。因此，需要补充一个打开棉签包装的镜头。这里建议找一个女孩子来拍摄，使用俯拍的机位，拍摄女孩子双手入镜将棉签包装盒的盖子打开，露出里面的棉签（图3-14）。

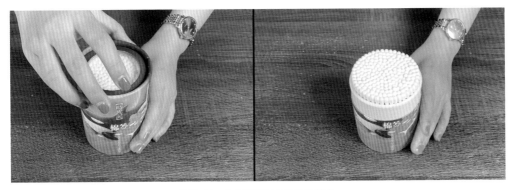

图3-14　打开棉签包装盒的镜头

拍摄脚本的镜头6时，需要展示荧光剂检测笔照射普通A4打印纸和商品时，不同灯光颜色

的对比，因此需要将A4纸和商品放在一起，进行俯拍
（图3-15）。

在镜头5中，要表现密密麻麻的棉签从镜头上方落
下来，如果直接拍摄，棉签落下的速度过快，展示效果
会不理想，这就需要进行录制慢动作视频。

图3-15　拍摄荧光剂检测笔时的布景

以iPhone 11 Pro的设置为例，打开手机的"设
置"→"相机"→"录制慢动作视频"面板，选择
"1080p HD,240 fps"，就可以录制1080p分辨率、
240帧/秒的视频了。这样在后期软件中，将播放速度放
慢到1/10，就可以以24帧/秒的速度正常播映放慢了10倍
的视频。需要注意的是，因为无法以4K的高分辨率进行慢动作的拍摄，在后期制作时就无法调
整视频素材的大小和位置，所以必须在拍摄前在取景框中设计好构图、机位和角度。

因为要体现出棉签数量之多，所以在实际的拍摄过程中，使两盒的棉签一起落下，才达到
了文案中"密密麻麻"的效果（图3-16）。

图3-16　拍摄棉签落下的场景和效果

中期拍摄，一定要尽量多拍。因为如果因为拍摄的素材不能用，就得再重新布景、布灯、
拍摄，会严重地耽误制作时间。在本案例中，一共拍摄了84个图片和视频素材，总大小达到了
3.45GB（图3-17）。

图3-17　全部拍摄素材

3.5 其他类型商品的拍摄建议 ▶▶▶

随着电商的快速发展，商品的种类也越来越多样化。本节列出了一些常用商品展示短视频的拍摄建议，供大家参考。

服装类商品：

① 全身各角度的展示，让模特转一圈，使用户看清楚衣服各个角度的样子。

② 衣服细节设计亮点的介绍，扬长避短，如果设计独特就讲清楚特点；如果是基础款就突出百搭；如果材质好就讲亲肤、透气、触感好等。

③ 搭配的介绍，与店铺其他衣服搭配，提升客单。

④ 服饰的拍摄，一定先拍全身，再拍细节，让用户对衣服有整体的认知。

⑤ 最好能有模特展示服饰上身的效果，而且模特的选择尽量和衣服的人群定位保持一致。

⑥ 细节的拍摄，不要单纯展示细节，最好能突出设计的亮点，并配上讲解或者文字说明。

⑦ 服饰的取景很重要，街拍的话，尽量选择跟衣服风格一致的地方；室内的话，最好有盆栽、画等道具布景。

鞋子类商品：

① 鞋子各角度的展示，设计亮点要重点介绍，最好有字幕进行总结。

② 鞋子舒适度的测评，例如鞋底柔软可对折，对折后鞋面无痕迹；鞋面透气，将干冰放在鞋子里，瞬间散出等，最核心的讲1~2个即可。

③ 鞋子材质的展示，轻轻按压鞋面以凸显材质的光泽度，最好有讲解和字幕进行总结，比如头层牛皮透气性好，柔软舒适。

④ 鞋子上身的效果展示。模特穿着走动，要有各角度的效果。

袜子类商品：

① 外观展示，对商品进行整体展示，可以把不同颜色和花色的商品都摆放在一起。

② 材质测评要重点介绍，从弹性、透气、纯棉等各角度证明商品的舒适性。

③ 袜子穿上以后的效果展示。模特穿着走动，要有各角度的效果。

家居服类商品：

① 上身效果展示，保暖衣、家居服一般都有多个款式和花色，可以对主推的2~3款，拍模特穿着效果。

② 衣服设计的亮点，比如螺纹收口设计更保暖，大口袋方便放手机等。

③ 材质测评要重点介绍，从弹性、透气、纯棉等各角度证明商品的舒适性。

④ 家居服、内衣的取景尽量选择室内，这样可增加用户的代入感，可以选择沙发等道具，营造家的氛围。

彩妆类商品：

① 商品的外观展示，磁铁吸盖、小羊皮材质等的简单介绍。

② 用不同色号的彩妆上妆后的效果，主推的色号先拍并重点拍，非主推的后拍且简单拍。展示的时候，用字幕标明色号。

③ 以不同色号的对比收尾，帮助买家决择。

底妆类商品：

① 商品的外观展示，雾面刷头、推抹式等亮点的简单介绍。

② 先拍摄有瑕疵的面部特写，然后拍摄上妆遮盖特写。

③ 最后将上妆与未上妆的两侧脸蛋进行对比。

眼部彩妆类商品：

① 商品的外观展示，独特刷头等设计亮点的简单介绍。

② 上妆效果的展示，可以对比化妆与未化妆，也可对比化妆前后。模特妆容的整体性非常重要，而且需要比较明艳，跟商品的色号定位保持一致。

③ 睫毛膏和眼线类商品较容易晕染，可以做防水的测评，比如喷上水后，用纸巾按压或轻抹不掉色、不晕染。

④ 彩妆比较适合棚拍，用纯色背景板，画面干净整洁，光线也比较好控制。

护肤类商品：

① 商品的外观展示，六边形盖帽使用方便等设计亮点的简单介绍。

② 护肤品使用的演示，轻拍或者按摩，可边演示边讲解某某成分抗衰老、美白保湿等功效。

③ 护肤品使用前后的对比，可以做肌肤保湿度测评和商品酸碱度测评来说明商品温和无刺激。

洁面类商品：

① 商品的外观展示，按压式取量方便等设计亮点简单介绍。

② 使用效果，卸妆效果的展示可以做左右脸的对比，或者在手臂上画上彩妆后卸妆。拍摄卸妆时最好在脸上卸妆，对于最难卸的眼妆和唇妆，只卸一半，给用户看对比效果。

③ 测评，主要是做洗脸后保湿度和商品本身的酸碱度的测评，用仪器测量后显示出具体的数值。

箱包类商品：

① 商品的外观展示，包括箱包的正面、侧面和背面等各个角度。注意光线，拍摄出箱包的质感，特别是五金件的光泽度。

② 细节的展示，箱包的特色设计，如五金配件，再如包袋各个分区的容量，分别可以装钱包、水杯或iPad。

③ 暴力测评（选用）：a.防摔：箱子反复摔；b.承重：站在箱子上蹦；c.轮子灵活度；d.拉杆灵活度和承重；e.防划，钥匙在箱子上面划后无痕迹。

④ 上身效果的展示，不同的背法和搭配，或者是做多个颜色的集体亮相。

第4章 淘宝商品短视频剪辑和制作

在进行淘宝商品短视频的剪辑和制作之前，需要准备好所需要的一切素材。除了前期所拍摄的图片和视频以外，还要积极和商品部门进行沟通，看以下资料是否需要在片中出现。

商品包装图： 如果厂商有标准的商品效果图，可以放在片尾展示。

品牌Logo： 尽量要到有透明背景的高清图，或设计稿源文件，放在片头或片尾展示。

二维码： 如果有展示二维码的需求，也需要跟商品部门沟通。

商品标准字： 有些品牌有特定字体，可以用在字幕部分。

其他： 其他需要在视频中出现的信息。

剪辑之前一定要充分了解已定的拍摄脚本，按照拍摄脚本去剪辑制作。内容的顺序可以调整，但绝对不能减少。

上一章介绍过短视频的各种规格，有横屏和竖屏，制作时长宽都不能低于800像素。本案例按1080p横屏短视频进行制作。剪辑制作完成后，可以根据不同短视频平台的需要，再剪裁成其他尺寸的版本。

4.1 短视频的粗剪 ▶▶▶

粗剪： 依据已完成的脚本内容，将拍摄好的素材按照大概的先后顺序加以接合，形成影片初样。

粗剪可以在短时间内快速形成视频的雏形，就像是画一幅画要先画出草图小样，方便制作团队对视频质量进行评估，看是否需要进行大的调整，并判断是否需要补拍素材。

粗剪的主要目的在于搭建整个影片的结构，不必进行非常细致的调整，如音乐、节奏甚至是剪辑点等因素，主要关注影片的逻辑及前后场的连接。

打开Premiere软件，先新建一个名为"淘宝商品短视频剪辑"的项目，进入Pr主界面后，再按下"Ctrl+N"快捷键，新建一个名为"淘宝商品剪辑"的序列，使用"ARRI 1080p 25"的预设，这样就创建了一个标准的画面尺寸为1920×1080像素、帧速率为25帧/秒、像素长宽比为方形像素（1.0）、场为无场的标准1080p剪辑序列。

粗剪的第一步是筛选素材。

以该案例为例，拍摄的素材有84个，而最终使用到的素材只有13个，使用率不到1/6，这在短视频的制作中是很常见的。因此，前期就需要对素材进行筛选，通常分为三步：

① 选出拍摄有明显问题的，肯定不会在剪辑中使用到的素材，可以直接删掉，节省硬盘空间；

② 对同样内容的素材，挑选出效果最好的，将其导入剪辑软件中；

③ 对拿不准会不会被用到的素材，先保留在硬盘中，标记一下待用。

脚本中的镜头1，内容是："家里，桌子上，一缕阳光从窗口照射进来，将商品照亮，商品'全家福'"。但在最终剪辑时，发现商品'全家福'会把画面全部撑满，而在正常情况下，短视频开始的前10秒，就要完整地展示出商品信息，包括商品包装、文字、品牌等。因此，第一个镜头选择的是单独商品的展示画面，这样就能够有足够的空间放下更多的商品信息（图4-1）。

图4-1　第1个镜头要展示出的完整信息

接下来要展示的镜头2，内容是："艺术品级的原创设计"。这就需要使用中近景，来展示商品包装上的精美设计。在画面上，要弱化背景，突出商品的包装，所以就需要使用带景深效果的图片素材来展示。

对于短视频来说，一定要尽量避免图片素材以静止的形式出现，这样会使画面从运动忽然转入静止，给观众造成不好的体验。

在本案例提供的素材中，图片素材的大小是4032×3024像素，是剪辑序列1920×1080像素的两倍以上，因此可以将图片在序列中制作成位移、放缩等动态效果。

将图片拖入时间轴，使图片在节目面板中显示出来。在调节之前，需要在节目面板上按下鼠标右键，在弹出的浮动菜单中选择"安全边距"命令，这时画面上会出现两个边框，即"安全框"。

安全框是给影视播出系统使用的。因为影视系统走模拟也好，或数字传输也好，都存在实时数据信号损失的问题。实际传输的画面最终反映到终端屏幕即电视机上，会有可能小于标准画面。此外，一些电视或终端设备也存在虚标或异标显示尺寸的问题。安全框就是提醒制作者画面范围的，以保证在画幅裁剪变小或显示不足时，信息不至于损失太多。网络播放一般不用考虑这些因素，只有当需要影视播出时才考虑。一般最外框是图像安全框，用来标示可能会被裁剪的部分，内容只要在图像安全框内都没问题。内框是字幕安全框，一般用来标示最差的显示范围，字幕只要在字幕安全框以内就能保证显示完整（图4-2）。

图4-2　Premiere的安全框

在时间轴上选中图片，在Premiere的效果控件面板中，调整缩放和位置的参数，将商品以中景的形式，出现在画面偏右侧一些的位置。

接下来将要制作图片从画面右侧缓缓向左侧移动的动态效果。在时间轴上把时间滑块拨动到该图片的起始时间点上，再点击效果控件面板中"位置"属性前面的"切换动画"按钮，这样就可以在当前位置为图片打上一个关键帧。再将时间滑块拨动到图片结束的时间点上，调整"位置"属性的第一个参数，使图片向左移动一些，再生成一个关键帧。这样就为图片制作出了由右向左移动的动画效果（图4-3）

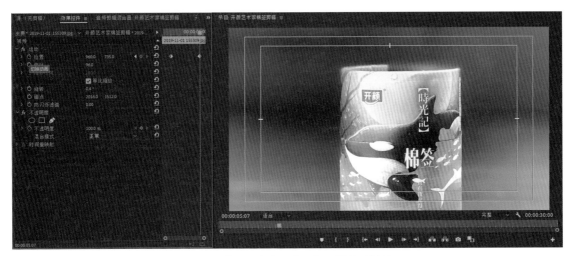

图4-3　控件面板中"位置"属性的关键帧

这种通过"位置"属性来制作的平移图片效果，其实也可以通过移镜头实拍出来，但是拍摄时就需要用到轨道，使手机平稳地移动。如果是手持拍摄的话，肯定会出现画面不稳甚至抖动的情况。

后续的两款商品，也是使用图片素材，以逐渐缩小的形式，在时间轴上依次排列，这样方便去接后一个商品"全家福"的全景镜头。

脚本中镜头3，内容是："视网膜级的精美印刷"。这时就可以将几款商品都展示出来了。可以将素材中两张机位不变的"全家福"图片，依次放在时间轴上，这样可以形成三盒棉签自行聚在一起的定格动画效果（图4-4）。

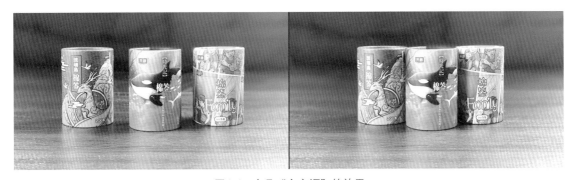

图4-4　商品"全家福"的效果

外包装展示完后，就需要展示内部的棉签实物了。因为现在包装盒还都是合着的，需要添加一个打开包装盒的镜头做过渡，然后再展示内部的棉签。这里可以使用前期拍摄的用手打开棉签的视频素材（图4-5）。

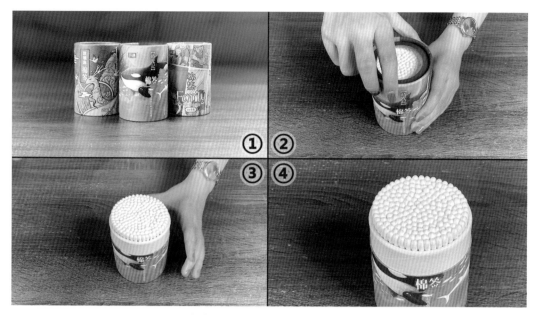

图4-5　由外包装展示到内部的棉签（三个镜头）

镜头4的内容是："精选新疆长绒棉，天然亲肤"。这就需要给棉签一个大特写，展示棉签头部"绒"的效果，这里使用的也是加了景深的图片素材。按照前面制作图片移动的方法，给该图片也制作一个由右向左缓缓移动的动态效果（图4-6）。

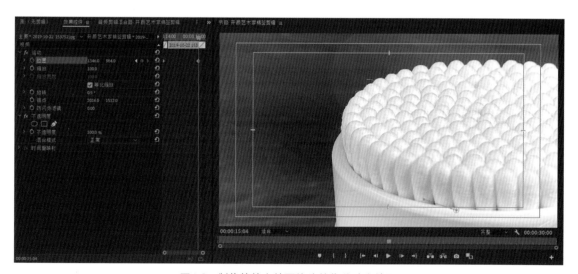

图4-6　制作棉签大特写镜头的位移动态效果

在表现镜头5"超大容量，经久耐用"的文案时，可以使用拍摄的棉签密密麻麻落下的慢动作视频素材。直接拖入时间轴，按下空格键预览，会发现并没有出现慢动作。这是因为预览时还是按照视频的时间长度来播放的，即按100帧/秒的速度播放，这就需要把播放速度降到1/4左右。

在时间轴上右键点击慢动作素材，在弹出的浮动菜单中选择"速度/持续时间"命令，设置速度为25%，这样就可以将速度放慢1/4，以25帧/秒进行播放（图4-7）。

图4-7　设置剪辑速度/持续时间

脚本中的镜头6内容是："不含任何荧光剂,安全卫生"。这就需要用到荧光剂检测笔的检测镜头。由于在拍摄的时候,只是拿着检测笔由右向左照了一遍,在剪辑的时候会感觉该特性强调得不够。这里可以使用倒放的形式,将检测笔从由右向左的移动倒放,变成由左向右,这样来回几次,就可以将不含荧光剂的特点展示得更充分。

截取一段检测笔从棉签右侧移动到左侧的视频,按着Alt键将该视频移动到后面,这样会直接将视频在时间轴上复制出一份来。右键点击复制出来的视频,再点击"速度/持续时间"命令,然后勾选"倒放速度"选项,按下"确定"键,视频就可以倒放了(图4-8)。

图4-8　设置视频素材倒放

片尾处可以放上企业或品牌Logo、商品效果图、企业二维码等相关信息,这就需要和商品部门进行沟通。值得注意的是,如果该视频将要作为淘宝头图视频,按照淘宝的相关规定,主图视频中不允许出现黑边、三方水印(包括拍摄工具及剪辑工具Logo等)、商家Logo(片头不要出现品牌信息,可在视频结尾出现2秒以内,正片中不可以角标、水印等形式出现)、二维码、幻灯片类视频。所以具体要添加哪些信息,需要根据播映平台的要求来调整。

完成粗剪以后,再从头到尾完整地将视频看几遍,最好再和商品部门进行沟通,确认没有什么问题以后,就可以进入下一环节了。

4.2 添加背景音乐并精剪 ▶▶▶

短视频属于影像、声音、文字、图片等媒体结合的多媒体。声音也是短视频重要的组成部分，包括背景音乐、音效、人声等。

背景音乐（Background Music，简称BGM），也称伴乐、配乐，通常是指在电视剧、电影、动画、电子游戏、网站中作为背景衬托的音乐，用来调节气氛、增强情感表达，通常是无人声的。相较于其他声音，背景音乐是贯穿短视频全程的，所占的比重最大，所以相对来说也是最重要的。

背景音乐的挑选要充分考虑到整个短视频要表达的感觉。例如如果要突出家居感受，可以挑选一款柔和、温馨的背景音乐。如果要突出商品包装精美、艺术性强的特点，可以挑选一款节奏和乐器与众不同的、有一定风格特点的背景音乐。

本案例最终使用的是一支有点爵士风格的背景音乐，除了比较有特点以外，该音乐的节奏较强，适合剪辑时的对位和卡点。

将背景音乐素材拖到时间轴的A1轨道上，并将轨道拉高一些，使背景音乐的波形效果展示得更完整（图4-9）。

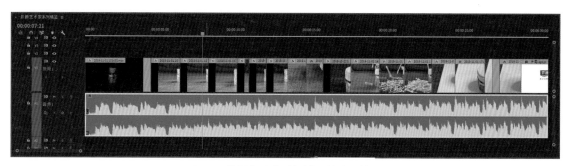

图4-9　背景音乐在时间轴上的波形效果

如果声音文件在时间轴上的波形效果较低，可以用鼠标右键点击时间轴上的声音文件，在弹出的浮动菜单中点击"音频增益"命令，并调高"调整增益值"的参数，这样能调高声音文件的音量，同时也可以调高波形效果。

在制作的过程中，经常会遇到背景音乐与视频时间长度不一致的情况，例如案例中的背景音乐总长度为1分52秒，而视频长度只有30秒，因此就需要对背景音乐进行剪裁，将多出的部分剪掉。按下空格键进行预览，会发现背景音乐结束得过于突兀，需要在背景音乐的尾部添加音乐渐隐的效果。

执行菜单的"窗口"→"效果"命令，打开效果面板，逐一点开"音频过渡"→"交叉淡化"文件夹，找到"恒定功率"效果，使用鼠标左键将其拖动到背景音乐的结尾处，这样就可以使背景音乐缓缓消失。如果觉得音乐消失的效果还是太快，可以在时间轴上用鼠标右键点击该效果，在弹出来的浮动菜单中选择"设置过渡持续时间"，将时间增长（图4-10）。

图4-10　在背景音乐结尾处添加渐隐效果

接下来，就可以按照背景音乐的节奏点，对视频进行精剪了。

精剪 (Final Cut)： 指在粗剪的基础上，对镜头的出入点进行更为精准和精细的剪辑，常常作为短视频的最终剪辑版本，为输出成片打下基础。

在本案例中，因为本身镜头数量就很少，镜头出入点基本上没有精剪的必要，但可以针对背景音乐的节奏点，进行一些卡点的剪辑，让整个短视频更有节奏感。

4.3 添加字幕和转场效果 ▶▶▶

因为本案例是没有配音的，因此文案脚本中的商品卖点，需要通过字幕的形式在画面中出现，以加深观众对商品特点的印象，这就需要为短视频添加字幕。

在Premiere中，常用的添加字幕的方式有两种：

① 说明性字幕，可以通过执行菜单的"文件"→"新建"→"字幕"命令来创建，这种字幕一般用在画面的底部，以介绍、说明文字为主；

② 旧版标题，可以通过执行菜单的"文件"→"新建"→"旧版标题"命令来创建，这种字幕可调性较强，适合制作更加多变的标题文字。

在该案例中，文字和画面应该作为一个整体来设计，需要对文字进行更加精细的调整，因此采用的是旧版标题来制作。

执行菜单的"文件"→"新建"→"旧版标题"命令，会弹出"新建字幕"窗口，默认会与序列的长宽尺寸和帧速率一致，直接按下"确定"按钮，就可以打开旧版标题的制作界面了。在左侧的工具栏点击"文字工具"，然后在主画面中点击鼠标，就可以输入文字了。输入文字以后在左侧的属性栏中，可以设置字体、大小、行距、字间距等，还可以在填充属性栏中设置文字的填充颜色。调整好以后，使用左侧工具栏中的"选择工具"，将画面中的文字拖动到合适的位置（图4-11）。

图4-11 旧版标题的制作界面

将旧版标题的制作界面关掉，这时会看到项目面板中多了一个"字幕01"的文件，将该文件拖动到时间轴的V2轨道上，这样就在正片中加入了字幕效果。

第1个镜头是商品逐渐被照亮，字幕也可以随着画面的亮度变化而出现。在时间轴上选中字幕文件，在"效果控件"面板中，给"不透明度"属性打上关键帧，让字幕有一个淡入的动态效果（图4-12）。

图4-12 给字幕添加不透明度动画效果

用同样的方法，再制作一个"棉签"的字幕效果，放在"艺术家系列"字幕的下面，使字体保持一致，将文字调大，同样制作透明度变化的淡入动画效果（图4-13）。

图4-13 添加"棉签"字幕

继续按照以上方法制作"艺术品级的原创设计"字幕。这里为了突出"原创设计"，特意将这四个字放大了一些，并且作加粗处理。

因为对应的镜头画面，是中景棉签由右向左平移的动态效果，因此计划制作一个文字被移动过来的商品包装遮挡住的特效，这就需要用到不透明度的"蒙版"效果。

在时间轴上选中该字幕，用鼠标点击"效果控件"面板的"不透明度"属性下面的"创建4点多边形蒙版"按钮，这时画面中将出现一个蓝色的矩形框，对字幕进行了遮挡。把鼠标放在矩形框上，会变成一个手形，移动矩形框完全覆盖住文字，即可把字幕完整地展示出来（图4-14）。

图4-14　为字幕添加蒙版效果

接下来要制作棉签的包装盒遮挡住字幕的效果，这就需要给蒙版制作动画。

在时间轴上移动时间滑块到包装盒和字幕接触的时间点处，在"效果控件"面板中，点击"蒙版（1）"下面"蒙版路径"的切换动画按钮，打上第1个关键帧。再将时间滑块拨动到对应的该镜头的结尾处，移动蒙版遮挡住字幕的右侧部分，形成包装遮挡效果（图4-15）。

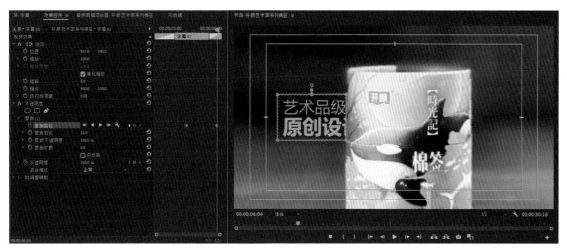

图4-15　制作字幕被遮挡的效果

如果蒙版的蓝色矩形框消失了，可以点击"效果控件"面板中的"蒙版（1）"属性，蒙版就可以显示出来并进行调整。

反复使用上述方法，将文案中的商品特点，以字幕的形式展示在短视频相对应的镜头画面中（图4-16）。

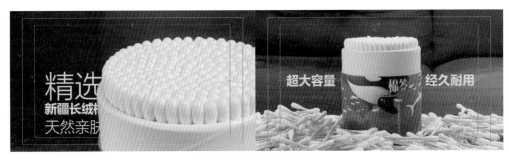

图4-16　不同的字幕效果

现在的镜头都是硬切，没有任何过渡效果。接下来要给镜头之间添加转场效果。

转场，是指镜头与镜头、场景与场景、时空与时空之间的过渡或转换。 在该案例中，主要使用的是Premiere中"视频过渡"效果来进行制作。

打开效果面板，逐一点开"视频过渡"→"溶解"文件夹，将"交叉溶解"效果拖动到第1个和第2个镜头的连接处，这样就可以为两个镜头之间增加叠化的过渡效果。如果想要调整过渡时间，也可以在时间轴上选中添加的"交叉溶解"过渡效果，在"效果控件"面板中，调整"持续时间"的长度（图4-17）。

图4-17　视频过渡转场效果的制作

Premiere有几十种视频过渡效果，在实际的制作过程中，可以根据需要来使用。

这些视频过渡效果，还能用在字幕上，使用"交叉溶解"过渡效果放在字幕的开头和结尾处，就能制作出字幕淡入淡出的动画效果（图4-18）。

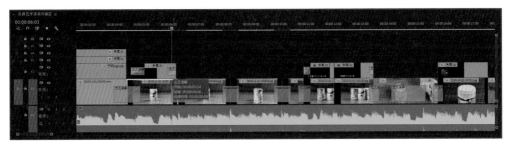

图4-18　给字幕添加视频过渡效果

4.4 基础调色和合成特效 ▶▶▶

调色是从整体上对影片画面进行调整的过程，不仅仅是调整颜色，也包括画面的色温（Colour Temperature）、色相（Hue）、饱和度（Saturation）、亮度（Brightness）、对比度（Contrast）、曝光（Exposure）等。

调色的作用，就好像是"用光和影为影视作品补妆"。在影视后期制作中，优秀的画面色调能最大化地渲染影片的情绪氛围，让观众更顺利地融入影片的情景中。

例如画面亮度（Brightness）的强弱通常能调动观众的情绪。生活在现实世界中的人，通常都会习惯明亮的环境，所以当场景的整体照明较强时，会给人一种正义感，而如果照明过暗，通常会给人阴暗的感觉。

本案例是商品的展示，目的是激发观众的购买欲，因此画面需要饱和度和亮度较高，在接下来的调色中可以以此为基准。

在Premiere中，如果时间轴上的素材较多，可以使用调整图层进行整体调色。

执行菜单的"文件"→"新建"→"调整图层"命令，或者在"项目"面板的右下角，点击"新建项"→"调整图层"命令，然后在弹出的"调整图层"面板中设置参数，通常都会和序列的参数保持一致，按下"确定"按钮，就会在项目面板中增加一个"调整图层"文件。用鼠标将调整图层拖到最上面的轨道上，并拉长，使其完全覆盖住整个时间轴，这样只需要对调整图层进行设置，其覆盖下的所有素材都会统一改变效果（图4-19）。

图4-19　添加调整图层

Premiere中自带了很多调色的预设，可以一键调色。在"项目"面板中，点开"Lumetri预设"文件夹，下面有多个不同名称的文件夹，内部还有多个调色预设文件。选中任意一个调色文件，右侧都会出现预览画面，展示该预设的调色效果。

本案例中，使用的是"技术"文件夹中的"合法范围转换为完整范围（8位）"预设，将其拖动到时间轴的调整图层上，会看到画面有了明显的改变。在时间轴上选中调整图层，在"效果控件"面板中多了一个"Lumetri颜色[合法范围转换为完整范围（8位）]"的效果，在"基本校正"的参数列表中会看到，色温、曝光、阴影等参数都被调整过。拨动时间滑块预览一下整体效果，被调整图层覆盖的所有素材画面都会以此发生变化（图4-20）。

如果希望对现有效果进行调整，也可以对"效果控件"面板中的"Lumetri颜色[合法范围转换为完整范围（8位）]"的参数进行设置。

因为每一个镜头的画面效果不一样，同样的参数可能不适用于其他镜头。可以在时间轴上使用"剃刀工具"，将调整图层剪开，使每一段调整图层对应不同的镜头，再单独调整参数。

调色完成后，就可以根据剪辑师自己的思路，制作一些简单的合成特效。

图4-20　添加预设调色

素材中提供了一段没有透明背景的镜头光晕素材，如果把它直接覆盖在画面上的话，会遮挡住所有的画面。这就需要在效果控制面板中，把"混合模式"改为"滤色"，这样会把素材中所有的暗部过滤掉，只留下亮部的光晕效果，再把"不透明度"改为20%，就可以模拟出若隐若现的镜头光晕效果，增加画面的光感（图4-21）。

图4-21　合成镜头光晕素材

由于镜头光晕素材的时间较短，只有5秒钟，如果希望全片都出现光晕效果，可以将该素材在时间轴上多复制一些，覆盖整片就可以了。

至此，整个短视频的制作就基本完成了（图4-22）。

4.5 调整尺寸和最终输出 ▶▶▶

短视频制作完成以后，需要根据不同平台的要求，调整尺寸。

现在的尺寸是横版的1080p，即画面分辨率为1920×1080像素，帧速率为25帧/秒。如果是投放在移动端的话，就需要再调整一个3：4竖屏、宽高尺寸不低于800像素的版本。

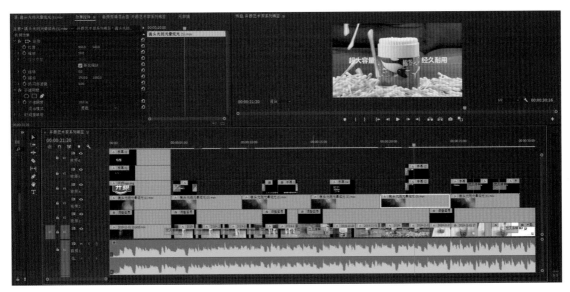

图4-22 最终的剪辑工程文件

其实在Premiere升级到2020版以后,可以通过执行菜单的"序列"→"自动重构序列"命令,来任意调节序列的长宽比例。但本案例中有大量的字幕,如果使用"自动重构序列"命令,会使一些文字被切出画面,因此本章先使用传统调整序列比例的方法来制作。

执行菜单的"文件"→"新建"→"序列"命令,在弹出的"新建序列"窗口中,进入"设置"面板,设置编辑模式为"自定义",将"帧大小"设置为810×1080像素,这样在高度不变的情况下,将画面比例调整为3:4竖屏,按下"确定"键,就在项目中新建了一个3:4竖屏的新序列(图4-23)。

将之前剪辑的1080p横屏序列拖到新序列的时间轴上,这时会弹出"剪辑不匹配警告"窗口。这是因为两个序列的尺寸不一致,Premiere会询问以哪个序列的尺寸为准。如果点击"更改序列设置"按钮,就会以拖入的素材设置为准。但现在是要剪辑竖屏版本,因此肯定要点击"保持现有设置",这样就会以现在的竖版序列设置为准了(图4-24)。

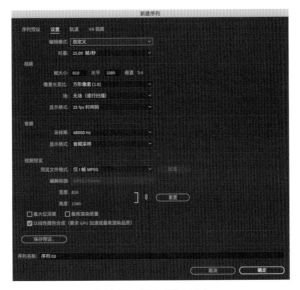

图4-23 设置竖屏序列

图4-24 "剪辑不匹配警告"窗口

现在的操作实际上就是序列套序列，把之前的横屏序列作为一个整体，放入新的竖屏序列中。这样在竖屏序列中，只会保留画面最中间的部分，其他部分就会被裁掉。拨动时间滑块看一下，有些镜头是没问题的，但有些镜头的部分字幕会被裁掉。这种情况下就需要回到原横屏序列里进行调整，以保证字幕的完整性（图4-25）。

图4-25 竖屏序列中的显示效果

返回横屏序列中，对字幕显示不完整的镜头逐一调整。因为比例问题，有些字幕需要重新调整大小和位置。调整以后要进入竖屏序列中观察一下，确保字幕能够在画面中完整地展示出来（图4-26）。

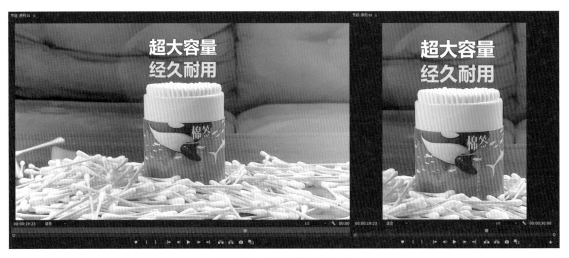

图4-26　重新调整字幕位置

全部调整完以后，就可以进行最终的成片输出了。

有些平台对上传的短视频尺寸有严格的要求。如果规定的尺寸大小和现有序列不匹配，但比例相同的话，可以在"导出设置"面板中，取消宽度和高度属性后面的勾选，就可以直接调整导出宽度和高度的数值了（图4-27）。

图4-27　调整导出宽度和高度的数值

如果平台对上传视频的体积大小有限制（有些会要求200MB以内），可以调整"目标比特率"的数值，以匹配平台的要求。

全部设置完以后，按下"导出"按钮，就可以输出成片了。

第 **5** 章 **美食短视频的前期策划和拍摄**

2012年5月14日，中央电视台出品的一部美食类纪录片《舌尖上的中国》首播，在短时间内获得了极大的反响，自此，美食类视频开始走入大众视野。

吃，在中国人的生活中占据着极其重要的位置。美食，承载了中国人丰富的情感，而美食类短视频不仅使人身心愉悦，更能让人产生共鸣。近年来，随着短视频产业呈现井喷式的增长，美食短视频作为其中一个细分领域，更是火热非常。

目前，美食类短视频大致可以分为5种不同类型：

① **以故事为主线的美食短视频**。此类短视频主打故事情节，以感人的故事作为主线，辅以美食，走文艺清新风。《一人食》《日食记》《饭米了没》为其主要代表。

② **以教学为主线的美食短视频**。此类短视频的看点在于制作美味，实用性较高，可以详细传授美食制作流程，路线偏大众生活化。《迷迭香美食》《日日煮》为其主要代表。

③ **以明星为看点的美食短视频**。这类短视频大多以明星的私房菜为主，用明星效应扛起流量。《锋味厨房》《鹦鹉厨房》为其主要代表。

④ **以创意玩法吸引眼球的美食短视频**。这类短视频另类、有噱头，内容有在办公室里用饮水机煮火锅、挂烫机蒸包子、电熨斗烫肥牛、瓷砖烤牛排等，通过抓住观众猎奇的心理来吸引眼球，以《办公室小野》和《野食小哥》为其主要代表。

⑤ **以记录吃饭为主题的美食短视频**。这类短视频以《大胃王密子君》《大胃王甄能吃》《大胃王阿伦》为代表。他们专注于吃播内容，比如著名的大胃王密子君凭借超大胃口直播吃各种海量食物，被冠以我国吃界最有名的吃播女博主。

本章以教学类的美食短视频为主线进行讲解。

5.1 了解美食的制作过程并构思策划 ▶▶▶

美食类短视频的选题很重要，因为无论做得有多美味，屏幕前的观众是品尝不到的。所以一定要选色彩鲜艳、新鲜干净的美食，这样能够给观众带来一种视觉上的愉悦感。

正常情况下，**美食短视频的拍摄至少要两个人，一人制作美食，一人拍摄**。这就需要找到一名能够制作美食的伙伴来合作。

在进行前期策划之前，两个人先要进行深入的沟通，主要内容是美食的具体制作过程。

以本案例为例，制作的是奶油蛋糕卷。需要用到的材料有白砂糖、低筋面粉、食用油、牛奶、鸡蛋等，需要用到的设备有烤箱、冰箱等，以及一些烘焙的小道具。

具体的制作步骤是：

① 分离蛋黄和蛋清，放置一旁待用；

② 将食用油和牛奶充分搅拌；

③ 将面粉过筛，放入后充分搅拌；

④ 加入蛋黄，充分搅拌后放置一旁待用；

⑤ 蛋清加白砂糖，打奶油；

⑥ 将一半的奶油和蛋黄液充分搅拌；

⑦ 倒入模具，并放入烤箱；

⑧ 拿出，冷却后铺上另一半奶油；

⑨ 将蛋糕卷起来放入冰箱；

⑩ 拿出后切成小块。

这些文字的内容只能让短视频创作者一个很基础的了解，对于没做过烘焙美食的人来说，根本不可能有很直观的画面可以去想象。所以**最好是能够先看一遍具体的制作过程，然后再构思脚本**（图5-1）。

图5-1　提前看一遍美食制作的全过程

美食短视频与上一个案例的商品短视频不一样的地方在于，在美食的制作过程中，很多步骤只有一次拍摄的机会。例如拍摄美食制作中搅拌鸡蛋的特写镜头，如果没拍好，那就只能拿新的鸡蛋重新再做一遍。因此，拍摄美食短视频时，前期的规划是至关重要的。

当短视频创作者完全了解制作过程以后，就开始着手写拍摄脚本了。

以教学为主的美食短视频，最主要的任务是记录下美食制作的全过程，因此不需要什么卖点和文案。

在上一个商品展示的短视频中，都是使用固定镜头拍摄的。而在本案例中，将加入一些简单的运动镜头效果，主要用于展示多种制作材料和道具，例如图5-2这种制作原料的展示，如果是固定镜头的全景，原料在画面中就会显得太小。这时就可以使用简单的摇镜头，用近景的机位，从左侧的白砂糖摇到最右侧的鸡蛋，这就需要有手柄的三脚架来配合拍摄，在脚本的编写中也可以体现出来。

图5-2　需要使用摇镜头拍摄的制作原料展示

本案例中，奶油蛋糕卷的拍摄脚本是这样的：

时间：2分35秒

编号	镜头	镜头内容	对白/字幕	时长（秒）
1	全景	展示奶油蛋糕卷完成后的摆盘效果，在画面上展示标题"奶油蛋糕卷"	奶油蛋糕卷	5
2	摇镜头	展示制作原料：白砂糖、低筋面粉、食用油、牛奶、鸡蛋等		10
3	远景	展示桌子上的各种烘焙器皿和道具		5
4	特写	磕开鸡蛋的蛋壳，并分离蛋黄和蛋清		10
5	中景	将牛奶倒入食用油中，并搅拌均匀		5
6	近景	面粉过筛，倒入食用油中，并搅拌均匀		10
7	全景	将蛋黄倒入，并搅拌均匀，放置一旁待用		10
8	特写	将白砂糖倒入蛋清中，使用电动打蛋器打奶油		10
9	全景	将一半的奶油倒入之前的蛋黄液中，并进行充分搅拌		10
10	近景	搅拌好以后倒入正方形模具		5
11	中景	将模具端起，放入烤箱中		5
12	特写	延时拍摄，展示烤箱中面糊变化的全过程		10
13	全景	将烤好的蛋糕底拿出，平放在桌面上		5
14	窗外全景	延时，云流动，表示时间的流逝		5
15	中景	将奶油平涂在蛋糕底的表面		5
16	全景	将蛋糕卷起来，奶油被卷到内部		5
17	近景	将蛋糕卷放入冰箱		5
18	中景	延时拍摄，墙壁上表针在动，表示时间流逝		5
19	全景	将蛋糕卷拿出，放在桌面上，用刀切成小块		10
20	特写	切好的蛋糕卷被放入盘中		5
21	近景与特写切换	多个角度展示制作完成的奶油蛋糕卷		10
22	定版	出商品Logo		5

5.2 巧用装饰品布置场景 ▶▶▶

与上一个商品展示短视频不同的是，美食短视频的布景需要用到大量的道具和装饰品。因为无论是西方人还是国人，吃饭都会有多道菜，例如开胃小菜、主菜、主食等，绝不会只有孤零零的一道菜。而在餐桌的布置上，也会有各种小装饰品。**有效的布景，能够增强观众的代入感，更有利于美食短视频的传播。**

在美食短视频的布景中，一般要有两个场景，一个是展示场景，一个是制作场景。

展示场景用来摆放各种装饰品突出美食，考虑的是营造一种什么样的氛围。例如本案例中的奶油蛋糕卷，是一款西式的下午茶甜品，那就可以从英伦风格的效果出发，以一个镶金边的小盘子盛放甜品，旁边再放一个英式茶杯，来营造下午茶的氛围。旁边可以放着造型精致的照片框和烛台，营造居家的氛围。再加上一些小餐具和花瓣的点缀，增加布景细节。最后将整个布景推到有白纱的窗前，使场景有纵深感（图5-3）。

制作场景需要摆放的是各种制作原料，最好不要有过多装饰性的东西，让整个操作台看上去更整洁，此时考虑的是如何让观众看明白美食的制作过程（图5-4）。

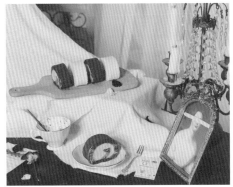

图5-3　奶油蛋糕卷的展示布景

图5-4　摆放原料为主的制作场景

有些美食的制作需要用到明火和锅，正常情况下这些都应该是在厨房的，但是厨房不太方便进行拍摄。所以一般的美食拍摄需要用到比较小巧的，不需要连接燃气设备的，能够放在操作台上的瓦斯炉（图5-5）。

另外，在道具的选用上，尤其是锅碗瓢盆这些容器，最好使用玻璃制品，因为可以从外面拍到容器内的食材变化效果（图5-6）。

图5-5　瓦斯炉和其他原料

图5-6　玻璃器皿可以从外面拍摄到内部的效果

5.3 简单的灯光和拍摄布置 ▶▶▶

在拍摄美食时，光线具有魔术般的表现力，生动、自然的光线能够令整个视频锦上添花。**一般来讲，画面中表现美食的形状、轮廓时，主要采用逆光和侧逆光的照明方式。因为这样可**

以使食材显得更加立体，并在食材和环境之间形成易于区分的明暗分界线。

但并不是每一次拍摄都需要进行照明。在进行拍摄时，最自然、令肉眼最舒服的光线是最容易被忽视的太阳光。所以**如果条件允许，可以充分利用自然光作为主光进行照明**。

本案例拍摄场景较小，全部的制作流程都在一张两米长的桌子上完成，所以在布光时依然采用的是"三点照明"的方法。

和之前商品展示短视频案例的布光方法一样，将桌子搬到距离窗户较近的地方，在下午阳光比较强烈时拍摄，就可以有效地利用自然光作为主体光进行照明。再将室内天花板的吸顶灯作为辅助光，就可以完成基础的照明。需要说明的是，窗户和天花板无法移动，因此需要移动桌子来找到最适合的照明角度。利用唯一可以移动的补光灯，升高灯架，将灯头向下倾斜，从俯拍的角度对着主操作台的背光区域进行照射（图5-7）。

美食短视频的拍摄，尤其是制作过程，需要使用俯拍的角度。这是因为食物原料一般都在容器中，平视和仰视都只能拍到容器，而无法拍到容器里的食物。本案例中，制作美食的桌子高度在1米左右，这就需要把拍摄设备架在至少1.5米左右的高度进行俯拍，如果三脚架高度不够，可以在下面垫一些牢固且平整的箱子来增加拍摄高度。

拍摄时，因为拍摄台上摆放着各种食物制作原料以及相关的工具，会显得比较杂乱。因此尽量使用居中构图的形式，拍摄设备的位置要正对着操作台，尽量把制作的画面放在中心的位置，这样可以保证制作过程能够被着重体现。

相比始终静态的拍摄，**运动比较能吸引观众的注意力，并能够为整个视频画面增添生气和趣味。**因此，这次拍摄需要增加一些运动镜头，主要以摇镜头为主，需要三脚架上有可控制云台摇动的手柄（图5-8）。

图5-7　拍摄灯光布置　　　　　　　图5-8　拍摄现场

5.4 使用手机拍摄美食 ▶▶▶

用手机拍摄视频时，需要设置的参数没有单反相机那么多，如果条件允许，可以先拍几段不同参数的视频，导入电脑中，用大屏幕看一下实际效果。例如图5-9中，在深色的木质桌面上，手机的曝光还可以，但是在浅色桌布上，鸡蛋的颜色就过于深了。

图5-9　不同底色的拍摄效果

　　其实无论拍什么样的短视频，最好能做到拍一会儿，就导入电脑中看一下素材效果。因为手机的屏幕太小，很多细节需要在电脑的大屏幕上才能看到。如果拍摄外景的话，可以随身携带一个笔记本电脑，边拍边看，发现问题能及时解决。

　　确定了画面效果以后，就可以锁定曝光，按照脚本进行拍摄了。

　　在拍摄原料展示镜头的时候，因为不需要人去操作，就可以先在桌子上将盛着原料的容器摆好，手持三脚架的手柄进行摇镜头的操作。后面拍摄静物的时候，都可以用这种拍摄方式，左右摇或者上下摇都是可以的。**需要注意的是，这种镜头一定要保持稳定，可以慢慢摇，然后在后期剪辑的时候进行加速处理。**

　　在拍摄具体制作过程的时候，还是要以固定镜头为主。因为很多操作步骤是一次性的，万一摇镜头过程中出现晃动，那这个镜头就没法用了，这个步骤也就没办法展示了。所以制作过程中，把手机架好，点下拍摄键就不要去动手机了（图5-10）。

图5-10　拍摄美食制作过程

　　制作过程中，经常会产生各种废弃物，例如鸡蛋壳等。产生后就需要赶紧移出画面，这些废弃物会给观众留下不良好的印象。

　　如果一个制作步骤时间较长，可以在拍摄期间更换机位。例如脚本中的第8个镜头，内容是："将白砂糖倒入蛋清中，使用电动打蛋器打奶油"。这个步骤持续时间需要几分钟，在实际拍摄过程中，一共切换了4个机位，基本上远景、中景和特写都有了，这样在后期剪辑的过程中，切换镜头的选择就会更多更丰富（图5-11）。

图5-11　拍摄打奶油的制作过程

另外，一直拍摄美食的制作过程难免有些单一和枯燥，如果制作人员允许，而且形象也较好，可以拍摄一些制作人员找东西、思考、微笑，甚至是试吃的镜头，这样可以给短视频增加一些情节感。

5.5 使用延时摄影拍摄时间流逝 ▶▶▶

延时摄影（Time-lapse Photography），又叫缩时摄影、缩时录影，是一种将时间压缩的拍摄技术。其拍摄的是一组照片或是视频，后期通过照片串联或是视频抽帧，把几分钟、几小时甚至是几天几年的过程压缩在一个较短的时间内以视频的方式播放。在一段延时摄影视频中，物体或者景物缓慢变化的过程被压缩到一个较短的时间内，呈现出平时用肉眼无法察觉的奇异精彩的景象。

譬如，花蕾的开放约需三天三夜，即72小时，每半小时为它拍一个画幅，以顺序记录开花动作的微变，共计拍摄144个画幅,再通过放映机按正常频率放映（每秒24幅），在6秒钟之内，重现三天三夜的开花过程（图5-12）。

图5-12 花开的延时摄影

在拍摄延时摄影时，稳定压倒一切。一定要将拍摄设备牢牢固定在坚固的三脚架上，避免刮风、走动、振动等原因造成摄像机的晃动而导致拍摄失败的情况。

具体的拍摄方法以iPhone 11 Pro为例，进入相机的拍摄界面，调到"延时摄影"模式，按下拍摄键就开始拍摄延时摄影了。

脚本中的镜头12内容是："延时拍摄，展示烤箱中面糊变化的全过程"。这个步骤需要几十分钟，使用延时摄影，从烤箱门关上就开始进行拍摄，一直到烤制成功。由于iPhone 11 Pro不能设置延时拍摄的间隔时间，所以这段视频时间长度是30多秒，可以在后期剪辑软件中调快一些，会看到蛋糕在烤箱中逐渐鼓了起来（图5-13）。

延时摄影能够极大地提升观众对短视频的观感，所以如果条件允许，可以多拍一些延时摄影的镜头，在短视频中使用。

在本案例中，几乎全部都是在室内的操作，观众看久了可能会产生视觉疲劳，所以在拍摄的过程中，可以适当地拍摄一些外景的延时摄影，在后期制作的时候剪辑进去（图5-14）。

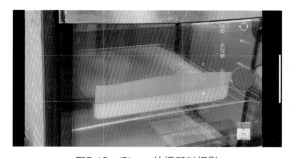

图5-13 iPhone拍摄延时摄影

图5-14 iPhone拍摄街景的延时摄影

在本案例中，一共拍摄了138个图片和视频素材，总大小达到了6.81GB。

第**6**章 | 美食短视频的视频
剪辑和制作

教程类美食短视频的制作可以分为三个部分，片头、制作过程和成品展示。

片头部分的任务是通过美食的展示、字幕或者其他元素，让观众知道这个短视频是要做一个什么样的美食。片头的时长一般在5秒钟左右，太长会让观众产生厌烦情绪。画面一定要精美，能够抓住观众的注意力，使他们有兴趣看下去。

制作过程是重中之重。一般情况下，一个美食短视频的时间长度都在2~5分钟。在这么长的时间内，要展示每一个制作步骤，并让观众有耐心看下去。

成品展示是留给观众的最终印象，因为观众品尝不到完成后的美食有多美味，只能通过画面去传达。因此在美食短视频中，食物可以不好吃，但是绝对要好看。

除此以外，在制作期间还有以下基本的注意事项。

视频的时长：整体时间不要太长，太长的话容易让用户失去耐心，极有可能在观看的中途退出，建议在5分钟以内。

视频的画面：做美食类短视频一定要学会对视频进行调色，使食物看上去更具有诱惑力，激发出观众食用食物的冲动。调色调整了食物色彩的纯度和饱和度，让人看到画面就对食物浮想联翩。最后再加上字幕或者特效，让画面更加丰富起来，增加用户的二次印象。

视频的声音：为了让整个视频看起来更加完美和谐，在短视频制作后期通常要给视频加入背景音乐。需要注意的是，加背景音乐的目的是让视频整体更丰满，所以在进行背景音乐的选择时，一定要考虑视频的内容以及整体的调性，不能与视频内容产生割裂感。另外，在拍摄时录下的环境音也要保留，例如搅拌器和玻璃器皿的碰撞声的添加，会使观众更有代入感。

视频的检查：这也是后期处理的最重要的环节，检查整个视频的画质和音质有无缺点，没有错误后再进行发布。

6.1 美食短视频的粗剪 ▶▶▶

美食类或者需要有片头的短视频，可以先把正片剪辑制作完成后，再从中挑选比较好的画面，用Photoshop或After Effects等软件制作片头。

本节的粗剪，主要是针对美食制作部分的剪辑和制作。

在剪辑制作之前，先要把拍摄的素材整个看一遍。如果拍摄比较细致的片子，在条件允许的情况下，同一个场景、机位和步骤，往往会拍摄好几遍（图6-1）。

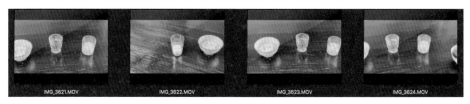

图6-1　原料展示的镜头拍摄了4遍

在本案例的中期拍摄中，不但用到了运动镜头，而且在其他的固定镜头中，制作人员甚至道具、原料都是运动的。在前期的素材筛选中，要特别注意镜头是否有抖动，以及拍摄的画质是否因运动过快出现动态模糊，如果画质不行，最好不要在制作中使用（图6-2）。

图6-2　抖动无法使用的镜头素材与可用素材对比

筛选完素材后，就可以导入Premiere中进行制作了。 初学者可能会执着于是将所有素材都导入Premiere软件中去筛选，还是在硬盘中筛选完再导入Premiere中。其实这跟制作者的使用习惯有关。个人建议还是在硬盘中使用播放软件查看后进行筛选，然后再把需要的镜头素材导入Premiere中，这样可以保证Premiere项目面板的整洁和清晰。

打开Premiere软件，新建一个名为"美食短视频剪辑"的项目，还是使用"ARRI 1080p 25"的预设创建一个"美食短视频剪辑"的标准1080p序列。

拍摄的时候，手机也会自动记录下声音。有些环境音是可以保留的，但有些镜头在拍摄的时候会有拍摄人员的说话声，这些肯定是要去掉的。

将镜头素材拖入时间轴，同一个素材会有视频和音频两个轨道。正常情况下这两个轨道是链接在一起的，如果需要将音频删除，可以点击右键，在弹出的菜单中点击"取消链接"的命令。这样音频和视频就可以被单独选中编辑了。将不需要的有人声的音频剪掉或删除，只保留视频就可以了（图6-3）。

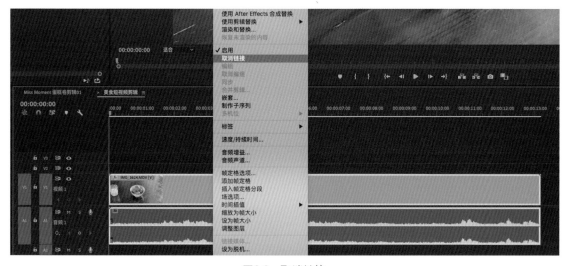

图6-3　取消链接

首先是通过摇镜头来展示一下5种制作美食的原材料，之后就要进入正式的制作环节了。

脚本中镜头4的内容是："磕开鸡蛋的蛋壳，并分离蛋黄和蛋清"。这个步骤因为要磕开四个鸡蛋，所以换了多个景别进行拍摄，视频素材比较多。第一个镜头使用全景，展示桌子上摆放的各种原料和道具。接着下一个镜头可以跟特写，但是尤其要注意的是，一定要把制作人员的手部动作连起来。例如本案例中选择的连接点，是鸡蛋磕开以后，蛋黄往另一半蛋壳里倒的一瞬间。相连的两个镜头，动作保持一致的话，观众就能很自然地将两个镜头连接起来（图6-4）。

图6-4　两个镜头的连接点

分离完蛋黄和蛋清以后，需要有一个展示的镜头，可以用全景来展示（图6-5）。

图6-5　展示蛋黄和蛋清的分离

如果一直展示制作过程，难免有些单调。可以穿插一些制作人员的镜头，使内容更加丰富，也可以增加短视频的情节性（图6-6）。

图6-6　适当穿插一些制作人员的镜头

接下来的几个步骤都是需要长时间地充分搅拌，如果直接去展示，一个步骤就要一分钟以上，时间太久。一般来说，这种情况有两种处理方式：

第一种是将开始搅拌和搅拌完成的两部分剪开，将中间的搅拌部分加速，即把一分钟的镜头加速10倍，6秒钟就播放完成，但如果整片是慢节奏的悠闲风格的话，画面突然加速过快会影响影片的氛围。

另一种是直接把中间部分去掉，开头和结尾部分多保留一些内容，按照正常播放速度，通过"交叉溶解"的转场，将两部分结合在一起（图6-7）。

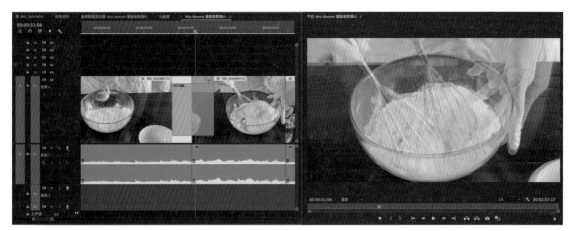

图6-7　处理长镜头

在剪辑制作的时候，可以和美食制作人员一起交流，多听取一些她们的想法。例如在展示打奶油步骤的过程中，使用电动打蛋器完成搅拌并提起来的时候，奶油表面会被提出来一个尖尖的形状，这就是奶油打好了的标志，因此这个尖尖的形状要着重展示（图6-8）。

图6-8　奶油尖尖形状的特写展示镜头

在展示烤制步骤时，为了表现时间的流逝，在把托盘放入烤箱以后，穿插了一段城市的延时摄影，展示了天空中云的流动和车水马龙的街景，再接烤箱中的延时摄影镜头，展示面糊逐渐变化的过程，最后再接把烤箱打开，用戴着隔热手套的双手将托盘从烤箱中拿出的镜头。这样就将几十分钟的烤制时间，通过剪辑缩短为20秒左右（图6-9）。

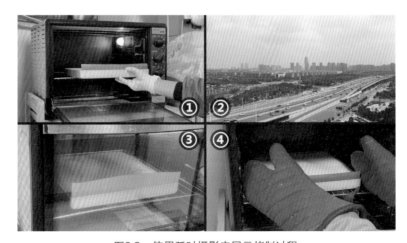

图6-9　使用延时摄影来展示烤制过程

脚本镜头15的内容是："将奶油平涂在蛋糕底的表面"。在实际的拍摄中，该步骤的时长达到了1分17秒。通过观看视频素材，这个步骤的内容其实是从旁边的玻璃碗中盛出一块奶油，再放在蛋糕表面，重复了五六次。通过剪辑，只保留把奶油放在蛋糕表面的动作部分，这样就可以节省展示时间（图6-10）。

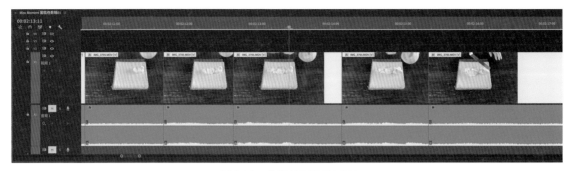

图6-10　剪辑铺奶油的过程

剪辑美食短视频的时候，一定要让每个镜头都有适当的运动。但是这种运动不是随意的运动，而是有章法、讲究技巧的运动。比如说在制作奶油蛋糕卷结束以后，需要展示摆盘效果，但如果直接切换到摆好盘的画面就会有点突兀，最好加入展示摆盘过程的画面，例如制作人员双手将切好的奶油蛋糕卷轻轻放在盘子上。这样细节性的呈现形式，往往能唤起观众对食物的兴趣，并收获不错的效果（图6-11）。

图6-11　剪辑摆盘的过程

片尾部分是要充分展示美食的，可以视素材的多少，来进行多景别的切换。如果有特意设计过的效果，也可以用上。本案例在拍摄中，就有一场逐渐将所有照明设备都关闭的动态效果，正好用在了剪辑的结尾处（图6-12）。

图6-12　片尾展示部分的剪辑

正片粗剪完以后，可以从头到尾看一遍，会发现全片节奏比较紧凑，时长为2分48秒（图6-13）。看的过程中也可以让一些朋友来一起提提意见，如发现有必须调整的地方，或者有提升作品效果的良好建议，应权衡利弊后及时进行完善。

图6-13　正片粗剪完以后的工程文件

6.2 背景音乐的剪辑和环境音的处理 ▶▶▶

奶油蛋糕卷是一款下午茶的甜点，因此整片的风格应该是比较轻松、悠闲，甚至有点小欢快的氛围，所以在搭配背景音乐的时候，也要尽可能和这种氛围感觉保持一致。

短视频的背景音乐的获取通常有两种方式：

① 找专业的音乐团队做原创。优点是可以根据短视频的画面风格、时间长短来量身定制，缺点是花费一般较高，目前这种原创音乐在市场上的售价在几千到几万元一支不等。

② 在网上找一些免费的资源。这种是目前短视频行业最普遍的做法。优点是花销很少甚至没有，缺点是需要反复寻找适合短视频风格的音乐，而且会存在时长不一致的情况，这就需要对背景音乐进行二次剪辑。

本案例中，正片粗剪的时间长度是2分48秒，而背景音乐的长度是1分37秒（图6-14）。

图6-14　背景音乐的波形效果

正常情况下，音乐都会分为前奏、间奏和尾声几个部分。其中前奏和尾声都有特定的作用，因此剪辑背景音乐，主要是剪辑间奏部分。

剪辑之前，可以先对间奏部分的波形效果进行仔细观察，挑选波谷的位置作为剪辑点，反复听一下，看是否有较为重复的旋律，再将它们剪辑出来，并通过复制的方式，将该部分旋律多重复几次，以达到延长背景音乐的目的。

如果剪辑的两段音乐连接得有些突兀的话，也可以执行菜单的"窗口"→"效果"命令，打开效果面板，逐一点开"音频过渡"→"交叉淡化"文件夹，找到"恒定功率"效果，使用鼠标左键将其拖动到两段背景音乐的结合处，就能起到柔和过渡的作用（图6-15）。

图6-15　背景音乐剪辑

如果希望将背景音乐剪短，也可以剪掉间奏部分中的重复旋律。

所有的声音文件，都要通过剪辑的方式改变其时间长短。尽量不要使用改变"剪辑速度/持续时间"的方法，否则会使音色改变较大。尤其对于人声，播放加速后声音会变得很尖锐，减速后声音会变得很苍老。

视频素材中还有很多的环境音，例如搅拌器的声音、与玻璃器皿撞击的声音等，这些声音可能会与背景音乐有冲突，这就需要将环境音调低一些。现在的环境音频是对应着不同的视频素材的，所以数量比较多，如果按照正常的调整方式，需要在时间轴上一个一个地选中环境音频，再在"效果控件"中逐个将"音频"中的"级别"参数调为负数（图6-16）。

图6-16　逐个调整环境音频

如果希望一次性整体调整环境音频，可以通过以下两种方法来实现：

① 首先要确认所有的环境音频都在同一个音频轨道上，案例中它们都在"A1"轨道上，点击"A1"下面的 图标，在弹出的浮动菜单中点击"轨道关键帧"→"音量"命令，然后在该音频轨道的中间会出现一条横线，用鼠标左键按住该横线，向下拖动就是将该轨道整体音量调低；反之就是将整体音量调高（图6-17）。

② 在时间轴上选中所有要调整的音频，按下鼠标右键，在弹出的浮动菜单中选择"音频增益"，然后调整"标准化所有峰值为"后面的参数，负数为降低音量，正数为增加音量，调整完后按下"确定"按钮（图6-18）。

图6-17　调整"轨道关键帧"的音量　　　　　图6-18　调整"音频增益"的参数

6.3 美食短视频的调色 ▶▶▶

冷暖色（Cool/Cold & Warm colour）指色彩心理上的冷热感觉。心理学上根据心理感觉，把颜色分为暖色调（红、橙、黄、棕）、冷色调（绿、青、蓝、紫）和中性色调（黑、灰、白）。在绘画、设计以及影视作品中，暖色调给人亲密、温暖、柔和的感觉，冷色调给人有距离、凉爽、通透的感觉。

中国人的饮食习惯，一般以热食为主，强调食物给人带来的温暖感，而冷色会带来食物发霉的印象，所以美食短视频的调色一般以暖色调为主。

先来创建一个"调整图层"，放在视频轨道的最上面，覆盖住整个项目。在"项目"面板中，点开"Lumetri预设"→"Filmstocks"文件夹，将"Fuji F125 Kodak 2395"效果拖动到时间轴上的调整图层上。这个效果能够让画面整体偏一点点粉红色，同时也将画面中的亮部又提亮一些（图6-19）。

图6-19　基础调色

现在的画面中，明暗的对比太强烈了，需要提亮一下暗部，让整个画面柔和起来。另外还需要再提高下饱和度，让画面更鲜艳一些。

按住键盘上的Alt键，将时间轴中的调整图层向上拖动一个轨道，就可以直接再复制出来一个参数一样的调整图层。在"效果控件"面板中，将"Fuji F125 Kodak 2395"效果中的"暗部"提升到50左右，再将"饱和度"提高到120左右。如果感觉现在的效果过高，可以把"不透明度"调整为80%，这样该调整图层的效果强度就减弱到只有80%（图6-20）。

图6-20　第二个调整图层的参数

现在整个画面颜色全都偏暖色，有点过于单一了，可以适当地添加一些冷色调或者互补色调，形成一种视觉上的对比，以丰富画面。

执行菜单的"文件"→"新建"→"旧版标题"命令，新建一个旧版标题，并打开旧版标题的制作界面。勾选"属性"中的"背景"，将填充类型改为"四色渐变"，调整颜色设置框中的四个颜色，左上角是浅黄色，右上角是浅绿色，左下角是浅紫色，右下角是浅红色，这就就新建了一个四色渐变的填充文件（图6-21）。

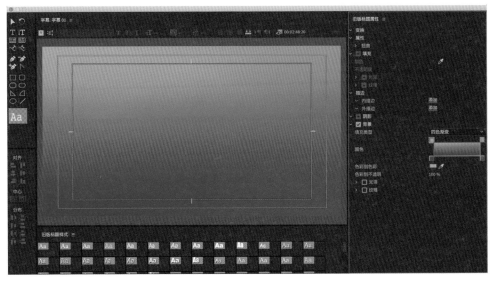

图6-21　使用旧版标题创建四色渐变

将字幕文件拖动到时间轴最上面的轨道上，并覆盖住整个项目，在"效果控件"面板中，调整字幕文件的"混合模式"为"柔光"，再将"不透明度"改为30%，这时画面上就会被蒙上一层淡淡的四色渐变的效果，上半部分就被加入了一些黄色和绿色的元素，整个画面就不再是单一的红色调了（图6-22）。

图6-22 使用旧版标题为画面调色

6.4 使用Photoshop制作美食短视频封面并合成 ▶▶▶

现在短视频平台都会要求上传一张封面图，或者从短视频中截取一帧作为封面图。作为观众对该短视频的第一印象。封面图的好坏直接决定了观众是否点开观看。封面图上除了要有美食成品的展示以外，最好再加上美食名字的文字，方便观众更直观地了解该短视频要做的内容（图6-23）。

图6-23 B站上美食的封面图

在正片剪辑制作完以后，可以使用**Photoshop**或者**After Effects**制作该美食短视频的封面图，可以作为图片上传，也可以作为片头放在全片的起始部分。

本案例将使用Photoshop来制作封面图。

Adobe Photoshop，简称"PS"，是由Adobe 公司开发和发行的一款图像处理软件。Photoshop主要处理以像素构成的数字图像。使用其众多的编辑与绘图工具，可以有效地进行图片编辑工作。Photoshop的专长在于图像处理，即对已有的位图图像进行编辑加工处理以及赋予其一些特殊效果。

打开Photoshop，执行菜单的"文件"→"打开"命令，或者按下快捷键Ctrl+O，打开"奶油蛋糕卷封面图.jpg"素材文件（图6-24）。

图6-24　在Photoshop中打开图片

点击工具栏上的"横排文字工具"，或者按下快捷键"T"键，在画面中点击一下，输入"蛋糕卷"几个字，然后使用工具栏最上面的"移动工具"，将文字移动到合适的位置。

进入"字符"面板，如果没有的话可以执行菜单的"窗口"→"字符"命令，将该面板打开，在左上角的字体列表中选择一款少女手写体的字体，并调整下面的字体大小参数，点击"颜色"后面的色块，将文字改为白色（图6-25）。

图6-25　在Photoshop中添加文字

　　"蛋糕卷"三个字和背景的白色衬布颜色太接近了，现在需要在文字下面加一条色带，突出文字。使用工具栏上的"矩形工具"，按着鼠标在画面中拖动，在文字下面创建一个长方形（图6-26）。

图6-26　使用矩形工具绘图

　　如果矩形覆盖住文字的话，就需要在"图层"面板中，将"矩形1"图层拖动到文字图层的下面。如果找不到图层面板，可以执行菜单的"窗口"→"图层"命令，将该面板打开。

　　接着来调整一下矩形的颜色。双击"矩形1"图层的左侧部分，会弹出"拾色器"面板，调整为浅红色，按下确定键，矩形就变成了浅红色了。但现在这个色条太实了，可以选中"矩形1"图层，调整图层面板上面的不透明度为60%，这样就可以把背景的图像透出来，让色带像一层纱的感觉。调整图层不透明度还可以按下键盘的数字键，例如按下6键就是60%，快速按下6和5键就是65%（图6-27）。

图6-27　改变矩形的形状和不透明度

　　使用工具栏上的"多边形套索工具"，将被色带覆盖的茶杯、相框部分选中（图6-28）。

图6-28　使用"多边形套索工具"进行选择

选中"矩形1"图层，再点击"图层"面板下面的"添加图层蒙版"按钮，会看到色带与杯子、相框重叠的部分被隐藏了，色带就像是被移动到了杯子和相框的后面。用这种遮挡关系，创造出画面中前后关系的纵深感（图6-29）。

图6-29　添加图层蒙版

在Photoshop中，执行菜单的"文件"→"另存为"命令，或按下快捷键Ctrl+Shift+S，将做好的封面图保存为psd格式。这是Photoshop的源文件格式，可以保存所有的图层信息，也可以导入Adobe公司旗下的其他软件中。

接下来，需要把该封面图导入Premiere中，做成动态效果，当作片头来使用。

打开Premiere的"奶油蛋糕卷"制作工程文件，将"奶油蛋糕卷封面图.psd"文件导入，会弹出一个对话框，这是因为Premiere发现该psd文件里有多个图层，这时需要确定如何导入。因为还需要将图层分开做动态效果，所以选择"序列"选项。

按下"确定"后，在"项目"面板中会出现一个"奶油蛋糕卷封面图"的文件夹，点进去以后，再双击打开"奶油蛋糕卷封面图"的序列，会看到4个图层按照在Photoshop中的顺序排列在时间轴上（图6-30）。

图6-30　在Premiere中导入psd文件

　　将上面的三个轨道依次往右侧拖动，使它们逐次出现，并在这三个轨道的前面都加上"交叉溶解"的视频过渡效果，使它们有渐入的动态效果（图6-31）。

图6-31　为psd文件添加动态效果

　　将封面序列拖入到剪辑工程文件时间轴的最前面。因为这个封面图是竖幅的，所以需要在"效果控件"面板中，调整"位置"属性的关键帧，制作由上往下移动的动态效果，并在片头和第一个镜头之间加入"交叉溶解"的视频过渡效果。最后还要再找一段5秒左右的片头音乐，放在对应的音轨位置。

　　至此，"奶油蛋糕卷"的短视频就制作完毕了，最终的工程文件如图6-32所示。

图6-32　最终的工程文件

　　最后，根据不同平台对短视频的尺寸格式要求，输出并发布该短视频就可以了。

第7章 Vlog快闪短视频的前期策划和拍摄

快闪视频，是随着微信朋友圈、抖音、抖音火山版（原火山小视频）等平台兴起的一种短视频形式。它以镜头快速切换为主要形式，具有节奏快、时间短、动感强、信息量大等特点。

快闪视频最早投放于微信朋友圈。因为微信的限制，最早的朋友圈视频不能超过5秒钟。用户在一条朋友圈广告停留的时间短暂，一般为3～5秒的时间，如果内容不够出彩，不能抓住眼球，很快就会被用户刷掉。为了更有效地传递信息，吸引用户观看，影片往往在一开始就迅速交代问题场景，并采用快节奏痛点字幕的方式，戳中目标受众的需求，引发好奇和思考，继而观看完整视频，完成转化。

随着这种形式被大众所接受，越来越多的自媒体博主们开始用这种快闪视频来讲故事，于是形成了Vlog快闪短视频，受到了观众极大的关注。ID名为"燃烧的陀螺仪"的博主，依靠这种Vlog快闪形式的短视频，讲述他在工作、生活中发生的事情，在抖音平台有960多万粉丝，微博有120多万粉丝，B站上也有近10万粉丝（图7-1）。

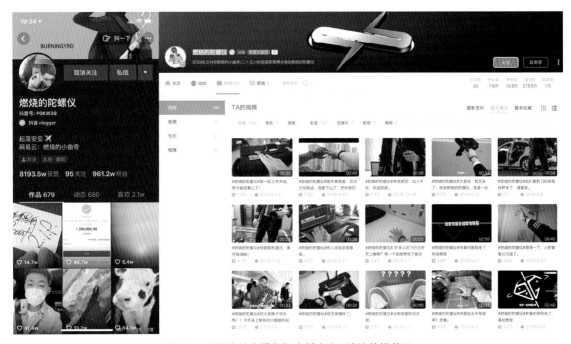

图7-1　"燃烧的陀螺仪"在抖音和B站的数据截图

快闪视频因为镜头切换很快，大概两秒钟就要切一个镜头，正常观众如果看的时间久了会出现眼部不适，因此**快闪视频的时间长度都很短，在1分钟左右**。比如"燃烧的陀螺仪"每个短视频的长度都在30秒左右。

7.1 构思策划内容 ▶▶▶

在构思选题之前，先要根据Vlog快闪短视频的特点，充分考虑一下以下内容：

可实现性： 有没有条件去做？有没有时间去做？有没有人去做？例如想做成"燃烧的陀螺仪"那种介绍国外风土人情，以及在飞机上工作的内容，但是自己不是机组工作人员，也不能经常去旅游，这种选题虽然非常好，但是对于创作者而言不具有可实现性。

选题要小： 快闪Vlog主要突出镜头、转场、特效，对情节的要求不高，因此不要选择太复杂的选题。例如想要讲一段甜甜的恋爱故事，但是在不到一分钟的时间里，要讲述从相识、相知到恋爱，时间是不够的。可以从特别小的事情入手，比如去买了个东西、下了包泡面、到楼下散个步等。

贴近现实： 以现实生活为主，这样可以让观众更加亲近，使代入感更强。最好是讲述自己或别人的生活、工作的事情，不要走科幻、玄幻的路线。

本案例的选题是：换新耳机。

具体的内容：我的旧耳机坏了，买了个新的耳机并换上（图7-2）。

图7-2　本案例用到的道具

这个案例的选题很小，一分钟的时间足够表达完整，而且也容易实现，因为正好有个耳机坏掉了，需要购买一个新的，道具之类的都有。网购的题材也很贴近现实，如果正好临近"双十一"等购物节，各大短视频平台也会推出活动支持这种网购短视频。

在这个案例中，计划在短视频中加入一些故事情节，也就是将单纯展示镜头快切的快闪视频，制作成带有一些故事性的Vlog快闪短视频。所以在策划之前，先来了解一下带有情节的故事片的脚本应该怎样写。

所有的故事片都有同样的三个部分，具体如下。

开头： 是整部片子的开端，要交代故事主人公的本来愿望是什么。

发展： 故事主人公努力去实现本来愿望的过程。

结尾： 最终的结局是什么，主人公是否实现了自己的本来愿望。这里可以设置一些反转的剧情。

根据这样的结构，将"换新耳机"这个选题进行故事性的扩展，整体的故事结构是：

> 开头：展示旧耳机坏掉了。
> 发展：新耳机到了。
> 结尾：终于用上了新耳机。

有了故事结构，只能算是一棵大树有了树干，接下来再对整个故事结构进行细化，加入更多的细节部分。

> 开头：主人公正戴着旧耳机听音乐，忽然背景音乐各种扭曲，主人公赶紧把耳机摘下，仔细一看，才发现是耳机坏了。
>
> 发展：快递送来了新的快递，主人公激动地把快递开箱，拿着新耳机进行各种展示，快闪、特效、转场。
>
> 结尾：终于用上了新耳机，嘚瑟，感觉很酷。
>
> 反转：被别人说看着像个客服。

接着，就要开始构思每个镜头的细节了。

目前的文案中，缺乏一些很"惊喜"的细节，这种影视作品中的"惊喜"就是在情理之中，又是在意料之外的。比如在拆快递的情节设计中，如果只是单纯地用剪刀，虽然很正常，但过于千篇一律了。所以在本案例中，设计的是拿着一把菜刀去拆快递，这种很"凶残"的拆法，能给观众一种"这样也可以啊"的感觉，这就是"惊喜"。

在打开包装盒，露出里面的新耳机的情节中，也重新进行了设计。第一次打开包装盒的时候，看到里面竟然是之前的破旧耳机，主人公赶紧把包装盒重新合上，再打开的时候才是全新的耳机。这种设计形式使用了"蒙太奇"的隐喻手法，把一些在现实生活中不可能发生的事情，用镜头拼接的形式展现出来。

在把耳机拿出来的时候，如果只是用手拎出来就太平淡了，而双手捧着出来虽然好一些，但是没什么气势，所以就设计了一个用力拍桌子，把耳机震出的画面。这种在现实世界中肯定没法实现，但是可以通过后期剪辑的手法来完成。

以上就是撰写一个有故事情节的文案的过程：**首先有一个大概的选题；再按照开头、发展、结尾的结构来扩展；然后再为每一个部分加入更多的细节，使文案的内容更加丰富；最后再将这个故事分解为一个个的镜头，做成拍摄脚本。**

本案例中，最终的拍摄脚如下。

时间：60秒

编号	镜头	镜头内容	对白	时长（秒）
1	特写	主人公戴着耳机在听音乐，忽然，背景音乐开始扭曲，主人公赶紧一把摘下耳机	背景音：一首歌	5
2	特写	耳机从画面上方落下，落在桌面上，展示出耳机坏了的地方		3
3		字幕	嗯？ 耳机坏了？ 怎么办？ 嗯，双十一了， 再买个新的吧	5
4	大俯视，近景	敲门声，光着脚去找拖鞋，一下没穿进去，直接光着脚跑到门口，打开门，快递包裹被递到主人公手上，主人公抱着快递箱进到屋内	您的快递到了	5

续表

编号	镜头	镜头内容	对白	时长（秒）
5	俯视	桌子，快递箱被主人公抱着，从画面上方入镜，放在桌子上		2
6	平视，特写	举起菜刀，一刀砍在快递箱的胶带上，迅速走刀，把快递的胶布割开		2
7	俯视，特写	双手扒开快递箱，露出里面的耳机包装盒		1
8	平视，近景	双手将包装盒小心翼翼地捧出来		2
9	平视，近景	双手将耳机盒提起来，露出盒子里面的耳机，但是却是坏了的旧耳机，主人公赶紧把盒子重新盖上，双手颤抖地再次打开盒子，露出新耳机		5
10	特写	双手用力拍在桌子上，把新耳机震出来		2
11	各种大特写	耳机各个角度的展示		5
12	近景	主人公戴上新耳机，满意地靠在椅子上，听着音乐，忽然发现耳机上有个麦，把麦克风拨下来，画外音入	画外音：哈哈哈哈，你怎么像个客服啊！！	5

7.2 基本的镜头设计技巧 ▶▶▶

在拍摄之前，需要先了解一下快闪视频是怎样进行剪辑的，这样才能有针对性地去进行镜头设计和拍摄。

7.2.1 动态镜头衔接

一般的快闪视频，卡着音乐的节奏点进行剪辑，镜头之间都是以硬切为主，给观众的感觉就是眼花缭乱的镜头组接。而比较好一些的快闪视频，**镜头与镜头之间虽然也是硬切，但是镜头都是动态的，相互之间有一定的联系，给观众的感觉是转场很自然和顺滑。**

接下来通过一个简单的案例，来展示一下这种动态镜头衔接的方式。

现在有两段素材，一段手里拿着饮料，另一段手里拿着水杯。虽然两者所处的机位、位置都没有任何变化，但如果直接硬切的话，还是会给观众以镜头画面很"跳"的感觉（图7-3）。

图7-3 两段视频素材硬切

其实就像魔术师在台上表演魔术一样，如果仔细观察，会发现魔术师在将一个东西变成另一个东西时，都会有一些运动。例如会把手绢先卷起来，再变出一只鸽子；会把一张扑克牌放下，再翻过来变成另一张。这是因为物体在运动的时候，如果速度够快，会产生运动模糊（Motion Blur），这时再进行切换，就不易被观众所发现。

在视频中也可以用这样的方法进行转换。比如上面的两段素材，如果手拿着杯子和饮料从画面右侧往左侧运动，再将两者剪辑在一起，并加入"交叉溶解"转场的话，整个切换的过程就显得很流畅了。这就像是在视频中变魔术一样，只需要将物体运动起来，产生运动模糊，再进行切换就可以了（图7-4）。

图7-4　两段视频运动转切

7.2.2 多镜头完成事件

一个Vlog快闪短视频也是由多个事件组成的。以本案例的脚本来说，就有开门拿快递、拆快递、展示耳机等多个事件。**要展示出"快闪"的效果，就需要将每一个事件拆分成多个短镜头**。这就意味着，本来可以一个5秒钟镜头拍完的事件，需要换不同机位、不同景别、做不同的动作拍摄多次。

如果一直是近景或远景镜头，那么观众很容易陷入视觉疲劳。合理的远近结合，让镜头一会儿拉近一会儿放远，就可以让画面变得更灵动，让内容更充实。

比如拍摄一个人上车的场景，可以先拍这个人走向车的全景镜头；然后镜头改为近景甚至特写，拍摄手拉车门的动作；再拍脚部抬起，跨上车的特写动作；最后再用中景拍摄她进入车内。拍摄由多个镜头完成，而且让景别有了变化。

一些很简单的事情，不仅需要进行镜头的拆分，还要将整个动作都拆分。

比如洗脸是一件很常见的事，在生活中是一气呵成的一系列动作，可是，在Vlog里面需要把动作拆分：拧卫生间门把手，进门，看看镜子，打开水龙头，用手接水，用水冲洗脸，拿起洗面奶，挤洗面奶，搓出泡沫，抹脸，冲洗干净，拿毛巾，擦脸等。

如果想让自己的快闪Vlog水平再提高一些，可以从运动镜头的设计开始，让多个运动镜头进行衔接，常见的方式有以下几种。

① **发现：**先拍一些远离情节中心的镜头，然后通过镜头运动来展现一个场景。

例如，摄像机先拍摄床头柜上的闹钟响起，这时候一只手伸向闹钟，然后通过镜头移动，发现了床上的主人公，之后展开故事情节……

② **镜头后拉：**情节中心一直在画面中，拍摄设备向后移动，用来展示一个场景的真实所处范围，使观众理解角色或者情节所处的环境。

例如拍一个女孩子品尝当地美食，可以先拍吃东西的细节，如把食物送到嘴中，镜头后拉，展示女孩子的座位；再后拉，展示店家以及拥挤的人群……

③ **镜头推进：**拍摄设备不断向前推，用来展示主人公的主观视角向前移动，多用于旅游、

街拍等需要运动的主题。

例如拍一个出门远行的主题，可以先把镜头向前推到门口，打开家门走向停在前面街道上的出租车，到达目的地后一直向前走，镜头逐渐推向远方的美景……

7.3 使用手机拍摄 ▶▶▶

这次的拍摄中，因为要体现"快闪"的效果，所以很多时候都需要用手持的办法拍摄运动镜头，这就需要在拍摄的时候，双手拿稳手机，并将上臂尽量贴紧身体，防止镜头抖动得太厉害，这也是本案例的一大难点。另外，有一些镜头需要有人出镜，因此在布光上需要有针对性的布置。

在拍摄文案中的第1镜时，需要主人公戴着耳机出镜。在布光上，就需要使用补光灯，对逆光的区域进行照亮，不能让角色出镜的脸部是大逆光。另外，该镜头的重点是展示耳机，所以给的镜头也是特写（图7-5）。

图7-5　镜头1的布光和画面

对于一个镜头的设计和拍摄来说，首要任务是展示脚本列出的内容。第2镜中，需要展示耳机坏掉了，但是在实际拍摄中，发现如果只是把耳机放在那里，耳机破掉的部分展示不出来，所以就需要用手拿着去展示（图7-6）。

图7-6　展示耳机坏掉

其实在拍摄的时候，很多地方需要做点"假"。比如第4镜要拍摄拿到快递的内容，但其实快递早就拆过了。这就需要重新拿胶带把快递箱封上，再找个朋友演一下快递员，让其在门口把箱子递过来（图7-7）。

图7-7　快递箱部分的拍摄

在拍摄第6镜拿起菜刀的内容时，可以先把菜刀放在快递箱的后面，或者其他手机拍不到的地方，这样一会儿突然出现的时候才会让观众更有"惊喜"感（图7-8）。

图7-8　拍摄第6镜

拿起菜刀的动作可以拍摄一个跟镜头，这就需要不用三脚架，用手拿着手机进行拍摄。镜头随着手拿起菜刀迅速抬起来，跟着菜刀的运动位置进行拍摄，这种运动镜头可以让快闪的感觉更加强烈（图7-9）。

图7-9　拍摄跟镜头

在拍摄第6镜，用菜刀割开胶布的内容时，可以将镜头推近，用大特写的镜头效果，将菜刀在镜头前放大，通过体积感让观众感受到菜刀的压迫力（图7-10）。

图7-10　拍摄菜刀割开胶布的镜头

在拍摄第9镜，打开是旧耳机，合上再打开才是新耳机的时候，因为要拍两次，第一次是把旧耳机放在盒子里，第二次才把新耳机放在盒子里，剪辑的时候再接在一起。这不但要用三脚架固定手机，还要保证耳机的包装盒必须纹丝不动，一旦位置有差别，镜头连接的时候就会"跳"，所以就在盒子的底部贴上了双面胶，把盒子粘贴固定在桌子上，这样在拍摄多个镜头的时候，盒子就能保持同一个位置（图7-11）。

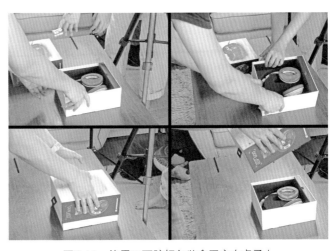

图7-11　使用双面胶把包装盒固定在桌子上

在快闪视频中，每一个画面都需要动起来。镜头动，或者画面中的物体动。因为每个镜头的时间长度都很短，所以可以运动得快一些。

例如在展示耳机包装盒的时候，为了表现主人公对新耳机的急不可待，设计的动作是手拿着新耳机的包装盒，一下子就将原本在桌子上的快递箱撞到了镜头外（图7-12）。

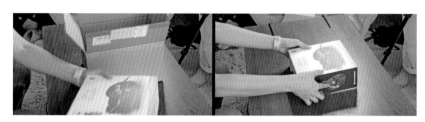

图7-12　展示外包装盒的镜头

拍摄第10镜"双手用力拍在桌子上，把新耳机震出来"。这个内容在现实中是不可能实现的。但是如果反过来想一下，这个动作应该是双手拍在桌子上，耳机飞出来。反过来，应该是两只手先按在桌子上，耳机落下来，手再抬起来。所以可以按照反向的思路先拍摄一条，然后在后期剪辑软件中倒放就可以了。因为耳机落下的时间较快，因此可以使用手机的"录制慢动作视频"功能进行拍摄。

接下来的展示，可以从各个角度进行拍摄，需要注意以下几点：

① **一定要让画面动起来，镜头动、物体动，或者两者都动；**

② **不光是展示新耳机，包装盒内的各种配件也需要进行展示；**

③ **使用多种景别，以特写、近景、中景为主，可多角度拍摄。**

在本案例中，一共拍摄了299个图片和视频素材，总大小达到了18.7GB（图7-13）。

图7-13　本案例拍摄的所有素材

第 8 章

Vlog快闪短视频的剪辑和制作

随着短视频的热度不断升高，每天都会有成千上万的短视频被上传到各个平台上，如何使自己的短视频脱颖而出，是几乎每一个创作者都会思考的问题。

在这个"内容为王"的时代，内容的好坏、新奇和创意程度，是决定一个短视频能否热播的因素。但是上一章中提到，选题内容再好，如果创作者因为各种原因无法实现，那也是不现实的。

所以，**如果选题和内容无法改变，那就可以从形式上别出心裁。**

例如在片中，可以为自己设计一段独白，并录制下来，放在视频中。

在这段自我独白中，你要与视频的观看者沟通，向他们表达你此时的心情，以及录制此视频的目的。这段独白，让观众最直接地听到了你的声音，甚至看到了你的脸，这也直接决定了未来他是不是你的粉丝。

在实际的制作过程中，很多创作者不太愿意露脸出镜，其实也可以通过一些文字特效来搭配独白，这样更能加深观众对独白内容的印象。

独白的录制方法有很多种，最简单的就是用手机直接录制，然后导入电脑中，但手机录制的音质一般，而且还需要再在电脑中进行处理，所以还不如直接在电脑中录制。

本案例中，将通过使用Audition录制独白，以及After Effects制作文字动态特效，来增加Vlog快闪的形式和内容。

8.1 使用Audition录制声音 ▶▶▶

Audition，即Adobe Audition（前身为Cool Edit Pro），简称"Au"，是一款多音轨编辑软件，支持128 条音轨、多种音频格式、多种音频特效，可以很方便地录制音频，并对音频文件进行降噪、修改、编辑、合并等操作。

在录制声音之前，需要先准备录音设备。如果没有专业设备的话，普通的麦克风，或者手机自带的有通话口的耳机也可以录音，将该设备插在电脑的麦克风孔上，如果是蓝牙设备的话，需要和电脑的蓝牙连接并匹配。

打开Audition软件，需要先设置一下录制设备。执行菜单的"编辑"→"首选项"→"音频硬件"命令，在弹出的"首选项"窗口中，设置"默认输入"一栏为刚才接入电脑的录音设备（图8-1）。

首先要新建一个Audition项目，执行菜单的"文件"→"新建"→"多轨对话"命令，在弹出的"新建多轨对话"窗口中，设置"会话名称"为"Vlog快闪独白录音"，并在"文件夹位置"一栏设置该项目的保存位置，其他项都为默认的设置，按下"确定"键（图8-2）。

图8-1　在Audition软件中设置录音设备

图8-2　新建多轨对话

这时Audition的界面会发生变化，编辑器中会出现一些空的音频轨道，每个轨道前面都会有M、S、R几个按钮。

M：静音，按下激活后，该轨道的所有声音都会被静音；

S：独奏，按下激活后，只有该轨道的声音会被播放出来，其他轨道都会静音；

R：录制准备，按下激活后，进行录制的声音就会被采集到该轨道中。

整个编辑器的下面是控制栏，其中停止、播放和录制按键是控制音频播放的（图8-3）。

图8-3　Audition的界面

在进行录制之前，**先要在轨道上激活"R"按钮**，将"录制准备"打开，将时间滑块拨动到最左侧，**再点下"录制"按钮**，对着麦克风说话，就可以看到被激活"录制准备"的轨道开始出现波纹效果，这就是Audition在采集麦克风的声音。录制完毕后，按下"停止"按钮，就停止采集声音了。如果想听下采集的声音效果，可以将时间滑块拨动到最左侧，按下"播放"按钮，或者按下键盘的"空格键"，就可以听到轨道上的声音了（图8-4）。

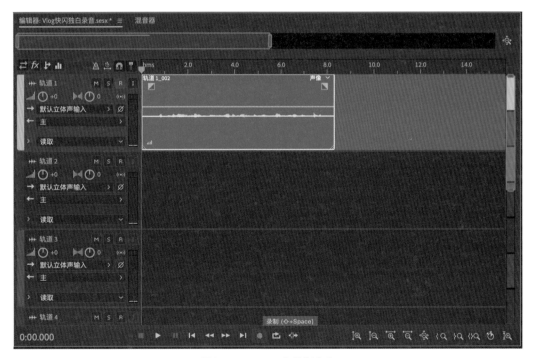

图8-4　Audition在录制声音

如果时间轴上声音文件的波形效果特别小，而且音量也很小的话，可以在轨道上选中声音文件，按下鼠标右键，在浮动菜单中点击"剪辑增益"命令，会弹出"属性"面板。调整"基本设置"中的"剪辑增益"参数，数值越高，音量也就越高，波形效果就会越明显（图8-5）。

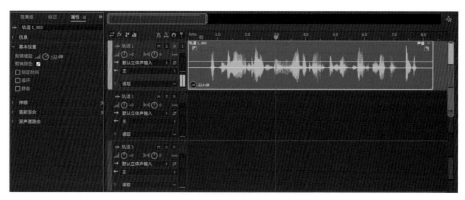

图8-5　调整音量和波形效果

如果不是专业隔音的录音棚，录制的声音多多少少都会有环境音，如果在比较嘈杂的环境下录音，这种噪声会更加严重。接下来就需要在Audition里面对声音进行降噪处理。

在音轨上双击录制的声音，点击Audition界面左上角的"波形"按钮，进入波形模式。这时会看到刚才录制的声音文件，除了说话时的波形以外，还有没说话时的比较平的波形，那些就是环境音（图8-6）。

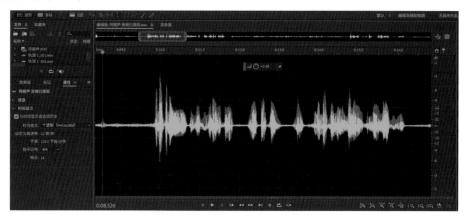

图8-6　在Audition中进入波形模式

用鼠标左键框选环境音的部分，按下鼠标右键，在弹出的浮动菜单中点击"捕捉噪声样本"，Audition会将这部分声音定义为噪声，然后再进行处理（图8-7）。

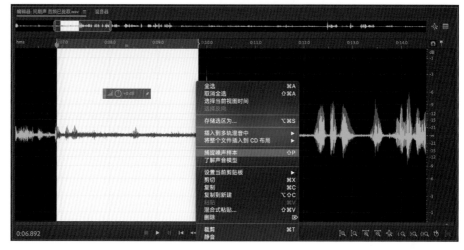

图8-7　捕捉噪声样本

执行菜单的"效果"→"降噪/恢复"→"降噪（处理）"命令，在弹出的"降噪"窗口中，先点击"选择完整文件"按钮，选中整条音频，再按下"应用"按钮，进行整体降噪（图8-8）。

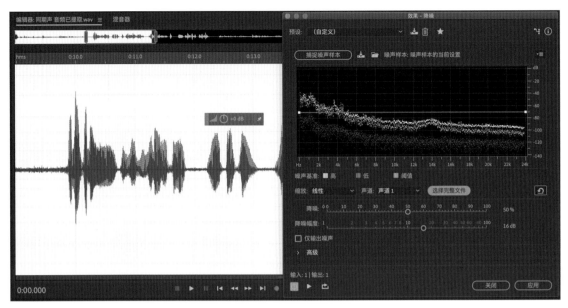

图8-8　降噪处理

降噪完毕后，可以听一下声音效果，如果噪音还是比较严重的话，可以再采集另一部分的噪声样本，然后再整体降噪。

完成降噪以后，就可以将音频输出了。执行菜单的"文件"→"导出"→"文件"命令，在弹出的"导出文件"窗口中，设置文件名为"Vlog快闪独白录音"，选择保存的位置，设置格式为"wav"，点击"确定"按钮就可以导出了（图8-9）。

其实Adobe旗下的软件是可以互导文件的，例如从Audition导出到Premiere

图8-9　导出wav格式的音频文件

中，建议执行菜单的"文件"→"导出"→"导出到Adobe Premiere Pro"命令，就可以不需要保存文件，直接将其导入Premiere中。但是导入以后会自动为该音频文件新建序列和音频轨道，不是特别方便。建议还是导出通用的wav音频格式，不但能导入Premiere中，还可以导入其他软件中，多软件协作会更加方便。

8.2 使用After Effects制作动态字幕特效 ▶▶

Adobe After Effects简称"AE"，是Adobe公司推出的一款图形视频处理软件，适用于从事设计和视频特技制作的机构，包括电视台、动画制作公司、个人后期制作工作室以及多媒体工作室，属于图层类型的后期软件。

和Premiere一样，打开After Effects后，需要先新建一个项目。

在After Effects欢迎主页面的左侧，点击"新建项目"按钮，就会进入After Effects的主界面（图8-10）。

图8-10　After Effects的欢迎主页面

执行菜单的"合成"→"新建合成"命令，或者点击After Effects主界面上的"新建合成"按钮，在弹出的"合成设置"对话框中，设置合成名称为"Vlog快闪视频动态字幕"；将预设设置为"HDTV 1080 25"，即标准的1080p视频大小；持续时间设置为"0：00：05：00"，即该动态字幕的时间长度为5秒钟；再点击"背景颜色"后面的小方块，将其设置为白色，这样在后面制作的时候，背景色就是纯白色的，方便观察；然后按下"确定"按钮（图8-11）。

先来认识一下After Effects的基本界面。

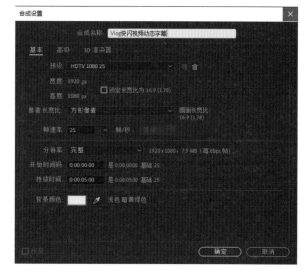

图8-11　合成设置窗口

左侧的"项目"面板，是素材的存放和管理区域，进行编辑的所有素材都将存放在这里，同时还可以将这些素材分别放在不同的文件夹下，便于管理。

中间的"合成"面板，是对After Effects编辑的效果进行实时预览。

右侧是各种面板，对制作中的一些效果进行参数的调整和控制。

下方是After Effects的时间轴，同时也可以看作是类似于Photoshop中的图层面板，它主要是对素材进行编辑。

除了这四个区域外，还有顶部的菜单栏和工具栏（图8-12）。

图8-12　After Effects的基本界面

使用工具栏上的"横排文字工具"，或者按下快捷键Ctrl+T，在合成面板上点一下，就可以输入文字了。在右侧的"字符"面板中，可以调整字体、字体大小等。重复此操作4次，输入4段文字。在时间轴上，将四段文字依次往右侧拖拽，使它们逐次出现在画面中。设置完毕以后，可以按下空格键预览动画效果（图8–13）。

图8-13　使用横排文字工具打字

接下来要为文字添加动画效果，在右侧的"效果和预设"面板中，依次点开"Animation Presets（动画预设）"→"Text（文字）"→"Animate in（动画进场）"，里面全部都是文字进场的动画特效，可以拖拽它们其中的任何一个到文字图层中，然后拖动时间轴，就可以看到相应的文字动画。如果觉得不满意，需要先按下快捷键Ctrl+Z，退回到加入特效前，然后再拖拽预设特效至图层即可。本案例中使用的是"打字机"特效。**需要注意的是，拖入特效的时候，时间滑块在哪个位置，该动画效果就从哪个位置开始出现**（图8-14）。

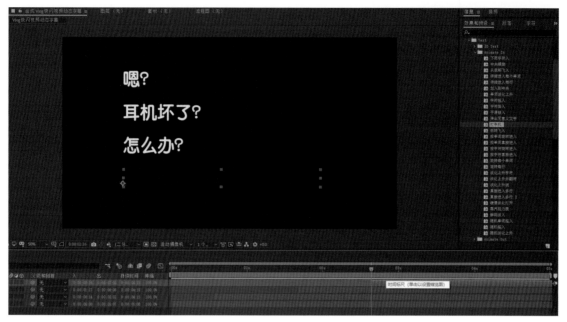

图8-14　给文字添加动态效果

如果觉得动画效果的时间长度需要调整，可以在时间轴上点击添加效果图层前面的">"符号，再逐次点开图层下面的"文本"→"动画1"→"范围选择器1"，调整"起始"属性右侧两个关键帧的位置，改变动画效果的时间长度（图8-15）。

图8-15　调整动画时间长度

依次为4段文字都添加动画效果，按下空格键预览一下，如果没有问题就可以输出了。因为导入Premiere中还需要根据全片的色调和风格重新设置背景色，所以需要渲染带透明通道的mov格式视频文件。

按下快捷键Ctrl+M，会自动进入"当前渲染"面板，先点击"输出到"后面的按钮，在弹出的对话框中设置保存的位置，输入文件名，并选择保存类型，按下"保存"即可。

再点击面板中"输出模块"后面的"无损"键，进入"输出模块设置"面板，首先需要调整的是面板中的"格式"选项，该选项决定渲染输出的格式，这里设置为"Quicktime"，即mov格式。在"通道"属性中，设置为"RGB+Alpha"，这样渲染出来的 mov格式视频文件就是有透明背景的（图8-16）。

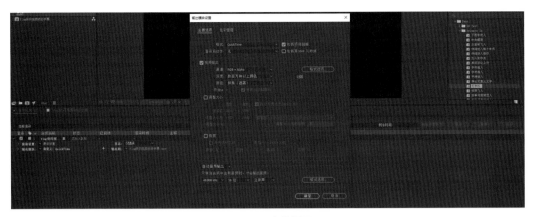

图8-16　渲染设置

全部设置好以后，按下渲染输出面板右上方的"渲染"按钮，即可开始渲染。

按照上面的制作方法，再制作两段文字动态效果，在后面的剪辑制作中会使用到，文字内容分别是：

① 2019年11月17日，下午16:30。

② 新耳机好帅，嗯，还有个耳麦呢，哈哈哈哈，你怎么像个客服啊！

8.3 Vlog快闪短视频的粗剪 ▶▶

在进行Vlog快闪短视频的剪辑中，需要对节奏进行一些控制，不能全片都是快节奏的剪辑。开头部分可以使用一些对白，让节奏慢一点，然后在展示部分的时候，可以使用快节奏的剪辑，结尾部分需要再让节奏慢下来，这样整片就能有一些快慢起伏变化。

打开Premiere软件，新建一个名为"快闪Vlog剪辑"的项目，再新建一个标准1080p的"快闪Vlog剪辑"序列。

首先来制作开篇的效果。可以像写日记一样，先展示一下时间、地点，甚至天气情况，然后再把全片展开。

在拍摄时，使用三脚架固定手机，用延时拍摄的手法，拍摄了墙上的表走了10分钟的画面，将该镜头放在时间轴V1轨道上。然后再把上一节中制作的"2019年11月17日，下午16:30"动态字幕放在V2轨道上，因为动态字幕导出的是有透明背景的mov格式，这样就能使两段素材合成在一起（图8-17）。

图8-17　合成第1镜

在连接主人公摔耳机和耳机落在桌子上的两个镜头时，需要顺着物体的运动轨迹去剪辑。主人公拿起耳机由上往下摔的时候，卡在耳机将要出画面的时候剪开，再接耳机掉在桌子上的镜头，卡着耳机由上往下刚刚入画的时候接入，这样两个镜头就会随着耳机的运动轨迹连接在一起了（图8-18）。

图8-18　合成摔耳机的两个镜头

接下来合成的是另一段动态字幕。因为字幕是带透明背景的，所以需要新建一个底色层。执行菜单的"文件"→"新建"→"黑场视频"命令，这时项目面板中会出现一个"黑场视频"文件，将它拖入时间轴，放在字幕轨道的下面。

进入"效果"面板，相继点开"视频效果"→"生成"文件夹，把"油漆桶"特效拖动给时间轴上的"黑场视频"。再进入"效果控件"面板中，点击"油漆桶"特效内"颜色"属性后面的色块，在弹出的"拾色器"面板中，选一个稍深一些的颜色，点击"确定"，会看到"黑场视频"被填充了颜色，这样字幕就有了底色（图8-19）。

图8-19　为动态字幕添加底色

去门口拿快递的这个镜头，时间长度是12秒，完整展示了穿鞋、开门、拿快递、抱着快递回来的整个过程，但是这对于需要快速剪辑的快闪视频来说，镜头太长了。所以可以按照刚才的几个步骤，只保留关键画面，把中间的过渡动作部分都删掉，把一个长视频剪辑成3个长度只有一两秒的快闪镜头（图8-20）。

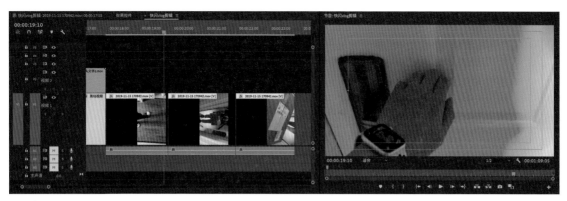

图8-20　将长镜头剪成多个短镜头

快闪视频很注重镜头之间的连接，如果没有动态可以将两个镜头联系在一起的话，还可以通过逻辑联系的方式进行剪辑。

例如在用菜刀割开胶布以后，正常情况下，接下来肯定是会将快递箱打开，所以这两个镜头虽然都是固定镜头，但是剪辑在一起也是没问题的（图8-21）。

图8-21　镜头直接的逻辑联系

在制作用手将包装盒里的耳机拍起的效果时，可以将之前反过来拍的镜头进行倒放。

右键点击时间轴上的该素材，在弹出的浮动菜单上点击"速度/持续时间"命令，然后在"剪辑速度/持续时间"面板上，勾选"倒放速度"选项，该素材在时间轴上就可以倒放了。因为是使用"慢动作视频"功能进行录制的，所以再把"速度"设置为25%，使播放速度慢4倍，这样就能实现慢动作倒放的效果了（图8-22）。

图8-22　慢动作倒放的设置

接下来就是通过各种快节奏的镜头剪辑，从多个角度来展示新耳机的细节了。这部分的节奏可以加快，每个镜头的时间长度尽量控制在2秒以内。

镜头与镜头之间，一般是要有一定联系的，例如动态一致，或者有逻辑关系等。图8-23中的4个镜头，手先去拿到盒子，再将盒子里的东西倒出来，东西落到桌面上，再展示所有的东西，这在逻辑上是一致的。

图8-23　4个镜头的连接

在全片结尾，主人公戴上耳机之后，再使用之前制作字幕的方法，把"新耳机好帅！嗯，还有个耳麦呢！哈哈哈哈，你怎么像个客服啊！！"的动态字幕放到片尾。最终的粗剪工程文件如图8-24所示。

图8-24　粗剪的工程文件

8.4 基础调色和画面稳定 ▶▶▶

8.4.1 画面整体调色和局部调色

在本案例中，因为拍摄环境有两个，分别是在电脑桌旁拍摄主人公，以及在拍摄台上拍摄产品，导致光线、色调、对比度都不一样，因此无法使用之前的"Lumetri预设"进行统一调色。这里将使用Premiere自带的调色命令进行自定义调色。

先来创建一个"调整图层"，放在视频轨道的最上面，覆盖住整个项目。

点击Premiere主界面正上方的"颜色"按钮，可以将现有的界面布局直接调整为"颜色"工作区布局，这时右侧多出来"Lumetri颜色"面板，可以直接调整各种参数，更加方便直观地对画面进行调色。当进行参数调整的时候，会发现在"效果控件"面板中也多出来一个

"Lumetri颜色"特效，而且两者的参数是保持一致的。下面来介绍一下常用的属性参数。

色温： 参数为正数时画面颜色偏暖，参数为负数时画面颜色偏冷；

色彩： 参数为正数时画面颜色偏紫红色，参数为负数时画面颜色偏绿色；

曝光： 参数越高曝光越强，画面就越亮，反之则越弱；

对比度： 指画面亮部和暗部的差异，对比度越大，差异就越大；

高光： 指画面的亮部，参数越高，画面的亮部就越亮，反之，亮部区域就越暗；

阴影： 指画面的暗部，参数越高，画面的暗部就会被提亮，反之，暗部区域就更暗；

白色： 指画面的高光区域，参数越高，该区域就越亮，反之，就更暗；

黑色： 指画面最暗的区域，参数越高，该区域的高光就会被提亮，反之，就更暗；

饱和度： 指画面的色彩鲜艳程度，参数越高，画面就更鲜艳，反之就趋于灰色。

调色之前可以先观察一下要调整的画面效果，因为要展示的耳机属于科技产品，所以把色温调得稍微偏冷一些，让画面有一些科技范儿；这种给人比较小清新感觉的片子，画面的明暗对比不能太强，所以将对比度调低；画面有一些过曝，因此把高光也降下来，让亮部不那么亮；调高一些饱和度，让色彩鲜艳一些，在网络上能够更吸引观众（图8-25）。

图8-25　Premiere的调色工作区布局

如果有些镜头不适于上面的调色参数，可以使用"剃刀工具"将时间轴上的调整图层剪开，只针对某一段的调整图层来设置"Lumetri颜色"的参数，就可以实现局部调色（图8-26）。

图8-26　将调整图层剪开调色

8.4.2 对抖动画面进行稳定处理

因为很多镜头是手持拍摄，一定会出现画面抖动的情况。如果抖动情况过于严重，连画面中的主体都出现了动态模糊的情况，那就只能放弃或者重拍了。但如果抖动比较轻微，主体物都还可以保持比较清晰的状态，那可以对这个镜头进行后期的画面稳定处理。

进入"效果"面板，相继点开"视频效果"→"扭曲"文件夹，把"变形稳定器"特效拖动给时间轴上需要稳定的镜头。这时画面中会出现一个蓝色条，上面会有"在后台分析"的文字，这是Premiere在进行画面稳定的处理，时间视镜头长度与电脑配置而定。当文字消失的时候，就是稳定处理好了。这时可以按下空格键预览一下，如果觉得稳定的效果不太好，可以打开"效果控件"面板，调整"变形稳定器"效果下的"平滑度"参数，或者直接将"结果"属性后面设置为"不运动"，这样就是最大程度的稳定效果了（图8-27）。

图8-27　变形稳定器的操作（1）

需要说明的是，不是每个镜头都能稳定到理想程度的。如果镜头晃动太厉害，Premiere也无能为力的时候，还是建议重新拍摄。

对镜头调整过"速度/持续时间"，再使用"变形稳定器"时，画面中会出现"变形稳定器和速度不能用于同一剪辑"的字样而无法使用（图8-28）。

给这种镜头进行稳定，需要在时间轴上选中该镜头，点击鼠标

图8-28　变形稳定器的操作（2）

右键，在弹出的浮动菜单中选择"嵌套"，这样该镜头就被转换成了一个"嵌套"文件，然后再将"变形稳定器"拖动给时间轴上的该嵌套，就可以进行稳定了（图8-29）。

图8-29　将时间轴上的镜头转换为嵌套

　　"嵌套"实际上就是对被选中的素材，直接建立了一个新的序列，所有的参数都和素材保持一致。如果需要调整嵌套的素材，双击该"嵌套"，就可以进入该序列中，对原素材进行编辑。

8.5 声音和背景音乐的处理 ▶▶

　　本案例中，需要使用到背景音乐、音效音乐和人声三种类型的声音，其中，音效音乐和人声都需要在Premiere中进行变声的处理。

　　在网络上，大家都在追求与众不同，这样才能吸引观众。在知名博主papi酱创作的短视频中，papi酱说话的语速明显加快了，这种加速的说话声能够在短时间内传达更多的信息，而且声音会变得有些尖锐，与正常语速的声音相比就显得很特别。目前这种加速的声音效果广泛使用在很多短视频创作者的作品中。

　　将之前录制好的独白拖入时间轴，放在对应的镜头下。在"剪辑速度/持续时间"面板上，调整该独白音频的"速度"为130%，预览播放，就会听到声音被加快了（图8-30）。

图8-30　将独白声音加速

把其他的独白声音也按照130%的速度进行加速。当声音速度和字幕的动画效果没有匹配在一起的时候，可以对声音文件进行对位剪辑（图8-31）。

图8-31　剪辑独白声音

接下来处理耳机坏掉的声音效果。先找一首歌的音频文件，并拖动到时间轴上。在前几秒钟，主人公戴着耳机听歌的时候，音乐是正常的。当主人公摘耳机的时候，可以将这一段音乐文件单独剪出来，然后加速到470%，这样就会产生音乐坏掉的效果，再配合主人公摔耳机的画面，就可以让观众感觉到"耳机坏掉了"（图8-32）。

图8-32　处理坏掉的音乐效果

将这首歌的正常播放部分复制到片尾，对应在主人公戴上新耳机的时候，这样就能让观众感觉到"这是新耳机播放出来的声音"。

中间的新耳机展示部分，可以找一段节奏感较强的背景音乐，同时可以根据音乐的节奏点，对一些镜头的位置进行卡点处理。在打开包装盒看到是旧耳机时，可以将背景音乐剪掉，能给观众一种欢快心情戛然而止的感觉，重新打开包装盒看到是新耳机的时候，再把欢快的背景音乐恢复，用音乐的剪辑去营造气氛（图8-33）。

图8-33 剪辑背景音乐

最后，可以再适当地添加一些转场效果，本案例的剪辑制作就全部完成了。最终的工程文件如图8-34所示。

图8-34 最终的工程文件

Vlog，是Video weblog或Video blog的简称，源于"blog"的变体，意思是"视频博客"，也称为"视频网络日志"，是博客的一类。Vlog作者以动态影像代替文字或相片，写自己的个人网志，上传并与网友分享。Vlog多为记录创作者的个人生活日常，主题非常广泛，可以是参加大型活动的记录，也可以是日常生活琐事的集合。

Vlog相对于短视频来讲，更倾向于记录非虚构的、个人的日常生活，也可以理解为用视频形式记录的个人日记。

在国外，经过六七年的积淀，Vlog已经成为成熟且有持续盈利模式的产品，但在中国，这还是一片"蓝海"。Vlog的创作者们被叫做Vlogger。中国最早的一批草根Vlogger应是海外留学生，他们在借鉴国外Vlog创作方式的基础上开始了自身日常的生活记录，并把作品上传到国内的社交媒体或视频分享网站上，通过Vlog内容分享，与国内网友形成一个社交圈，从而弥补背井离乡带来的归属感的缺失。截至目前，B站成为了国内最大的Vlog作品集聚地，日均产量达上千条（图9-1）。

图9-1　B站的Vlog频道

9.1 剧情内容构思 ▶▶▶

剧情内容的构思，简单来说就是"要讲一个谁的什么故事"。

大约在距今7万到3万年前，因为某次偶然的基因突变，人类开始使用语言进行沟通。

语言是人类用于沟通信息的重要方式。早期的人们用语言沟通"哪里有食物""哪里有狮子"，但有大量的研究结果证明，语言沟通的最重要信息却是人类自己的八卦，比如"部落里谁最讨厌谁""谁在和谁交往""谁很诚实，谁又是骗子"。于是，"故事"就诞生了。

"故事"又是为"角色"服务的。

从某种意义上说，可能会存在没有角色的故事。但是从Vlog剧情短视频本身来说，故事实际上就是"谁"的故事，这个"谁"就是指角色。

皮克斯的首席创意官约翰·拉塞特（John A. Lasseter）曾说过，如果想让自己的电影大获成功，想让电影能够真正娱乐观众，就要做到：首先，你需要讲述一个引人入胜的故事，让观众看得坐立不安，迫不及待地想要知道后面的情节。其次，你需要让故事充满令人过目不忘、魅力十足的角色，即使是反派也应该如此。因为如果角色设定工作做得好，就会使这些角色的意义不仅仅局限于电影当中。

所以，**"故事"和"角色"是Vlog剧情短视频中的必备元素，两者相辅相成。**

那么什么样的Vlog会受到观众喜爱？或者说，观众的观看动机是什么？

① **寻找生活的仪式感**：Vlog的诞生是为了记录生活，而Vlogger放大了生活中琐事的光芒，极具洞察力的眼光、认真做事的态度让观众为之着迷。

② **窥视欲**：要了解一个人，真实的生活写照无疑是最佳方式。很多观众抱着对Vlogger的好奇而来，想要更加熟悉TA的生活。

③ **填补空虚**：Vlogger为观众提供了另一种生活视角，一种不同于自己现有生活的新鲜体验❶。

具体到Vlog剧情短视频的内容，可以分为两种类型。

讲述自己的故事：讲述Vlogger自己在学习、生活、工作、旅游、健身中的故事，强调的是第一人称"我"的故事。这种Vlog对拍摄者的语言能力、剪辑技术及内容质量要求都比较高。生活中很多人面对镜头时都会不自然，陷入不知道说什么的尴尬，这是对于初学者来说，亟须解决的问题。

在拍摄第一人称类型的Vlog之前，最好先问自己三个问题，即：我是谁？我在哪里生活？我的职业是什么？这三个问题的答案决定了拍摄的内容，以及对观众的吸引度。

以国内知名Vlogger"欧阳娜娜"为例，她是大提琴演奏家、演员、留学生，她现在在美国上学和生活，她是国际顶尖音乐学院伯克利音乐学院的学生。

就靠着以上这些头衔，她的Vlog一定会吸引很多人来看，因为她的生活是绝大多数人都没有经历过的，她生活的地方也是很多人没有去过的，甚至她的工作也是很多人所向往的。欧阳娜娜在国内各大平台的粉丝数累积达到数千万，因此，这种Vlogger所制作的Vlog就相当于自带流量，很容易就能火起来（图9-2）。

而如果普通人去讲自己的故事，有可能他的生活和工作都和绝大多数人一样，没有什么特

---

❶ 卡思数据. 被封为短视频下个风口的Vlog，离爆火还有多远？[OL]. 搜狐，2019-03-22[2020-02-02]. http://www.sohu.com/a/226090191_100124999

图9-2 欧阳娜娜的抖音主页

图9-3 史别别的抖音主页

别的，如果创作者还不能从中提取亮点，那这样的Vlog就很难吸引观众。

讲述别人的故事： 通过Vlogger的镜头，来讲述亲戚、朋友、同事，甚至是路人的故事，强调的是第三人称"他"的故事。这种Vlog类似于纪录片的形式，需要Vlogger拿着手机跟拍别人，再在最后剪辑的时候，通过Vlogger的讲述，和拍摄的画面相对应地进行制作。

同样，拍摄这种类型Vlog之前，先问自己三个问题：他是谁？他在哪里生活？他的工作是什么？这三个问题的答案也直接决定了"他"的故事值不值得去拍摄并制作。

以抖音知名Vlogger"史别别"为例，她是一名90后，现在在北京专职做Vlogger，以记录自己和"北漂"一族的生活为主要内容。在她的Vlog里，"他"是我的朋友，"他"在北京生活，"他"是各行各业的北漂。

因为"北漂"一族的庞大基数，所以这种剧情内容的Vlog能够引起很多观众的共鸣，甚至于很多不是北漂的人也对这样的生活充满好奇，这就使"史别别"的Vlog获得了极高的关注度和播放量（图9-3）。

因此，在构思自己Vlog的剧情内容时，一定要有清晰的定位，然后就可以进入剧情的创作阶段了。

9.2 剧情三幕结构介绍 ▶▶▶

大家一定会有这样的体会，身边总有一个特别会讲故事的人，每次他讲起故事来，大家都会被吸引住，但如果仔细听一下就会发现，讲得好的故事一定会有一些吸引你的地方，例如怎么讲、怎么设置悬念等。

其实讲故事这件事，可以追溯到很久很久以前。

在古希腊，歌剧曾经盛极一时。在每一部歌剧结束的时候，巨大的幕布就会被放下。这一传统一直沿用至今，这也是"谢幕"一词的由来。这里面的"幕"，就是本节要介绍的三幕结构中的"幕"。

在一部影视作品中，故事情节被分为几个部分，这些被分成部分的故事就被称为"幕"，这是故事的宏观结构。

在古希腊著名哲学家亚里士多德所著的《诗学》中，对故事的结构有这样一段阐述："在故事的长短——读完或演完它需要多长时间——和讲述故事所必需的转折点数量之间具有一种联系：作品越长，重大的逆转便越多。"

简言之，故事的长度和转折点的数量要成正比。

这个两千多年前的论断，使之后的剧本有了一个比较完善的理论基础。在最近的几十年间，美国的好莱坞也把电影剧本的结构法整理出了一个标准，叫做三幕结构。直至现在，三幕结构不仅在好莱坞的电影剧本中发挥着作用，还渗透到商业娱乐圈的各个领域，如电视节目、电影、动画节目、书本故事、歌剧和戏剧，很多都采用三幕结构的方式编写。

具体来讲，无论是两个小时的长片，还是5分钟的小短片，三幕结构都把剧本分为三幕，分别为建置（Setup）、对抗（Confrontation）和结局（Resolution）。

第一幕建置（Setup）：是整个故事的开篇，一般情况下，需要占据整个故事情节25%的长度。而在这当中，前10%要将故事主人公的职业、生活背景和本来愿望交代清楚。之后的15%，要使情节按照正常的情况来发展。

第二幕对抗（Confrontation）：占据整个故事情节的50%左右。第二幕的一开始就会有第一个转折点，即故事情节开始偏离正常的情况，这时故事节奏开始加快，逐渐进入第二个转折点，这是一个导火索，为故事高潮的到来做铺垫。因此，第二幕也可以看做是通过一系列情节逐渐向高潮发展的一个过程，主人公会遇到许多冲突，面临许多困难和障碍需要克服。

第三幕结局（Resolution）：占整个故事情节的25%。在这一幕中，故事达到高潮，各种不相关的情节彼此联系起来，各种问题得到圆满解决。从而完成大结局。

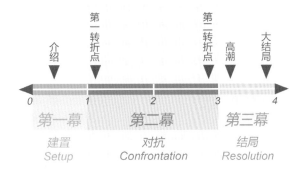

图9-4 三幕结构示意图

以一部4分钟的剧情短视频为例，其三幕结构应该如图9-4所示。

9.3 剧本和拍摄脚本的编写 ▶▶▶

在Vlog的具体选题中，千万不要想着内容越多越好，这样会使整部Vlog剧情分散，观众看完会觉得内容挺多，但是什么都没记住。所以每一集一定要围绕着一个固定的主题去进行策划，把它讲透讲具体，给观众留下深刻的印象。

本案例的选题是：大学老师的一天。

具体的内容：以大学老师一天的工作和生活为主线，进行剧情发展。

因为笔者是大学老师，所以对这个选题的内容还是很熟悉的。绝大多数人也对大学老师这个职业比较好奇。之前在网上做过调查，网友们对大学老师的普遍印象是轻松、自由，但实际情况却并非如此。

在进行情节结构的设计时，可以依据三幕结构进行设计。

第一幕：陈述，大家都觉得大学老师这个职业很好，轻松、自由、收入高。

第二幕：从早上开始，到下午和晚上，全面展示大学老师一天的工作生活。

第三幕：抒发感慨，总结。

Vlog是用来记录生活的，有很大的随机性和不确定性，例如上班路上，有可能是一路畅通，也有可能遇到堵车或交通管制，所以剧本和拍摄脚本不用写得过于详细，只需要把要拍摄的场景和大致内容规划一下就可以了。这里只撰写了简单的文案。

如果自己不善言辞，最好在拍摄之前，把要说的话写出来，不需要背出来，只需要自己在拍摄的时候把大概意思说出来就可以了。

在文案的开头部分，最好使用问句来作为第一句台词。用问句开头的目的是为了引起观众的注意力，吸引眼球。而且绝大多数人看到问句的第一反应是，自己该怎样去回答。这样，与观众的交互就建立起来了。

在短视频平台，尤其是抖音这样快节奏的短视频平台，有一个"两秒法则"。大家可以回想一下，自己刷抖音看到一条视频的时候，看到第几秒钟的时候会把它刷过去？一般都是两三秒，所以在这么短的时间内，如果没有抓住观众的注意力，和观众建立交互，很有可能就被观众刷过去了。

在进行内容的编写时，多用具体的数字去体现。例如一上午要连续上4小时的课，能喝整整4大杯水，午饭11块钱等。这样会给观众直观和真实的感受，更能增加观众的代入感。

本案例的具体文案如下。

第一幕：

提起大学老师，你会想到什么？

轻松，自由，收入高？

今天我们来看一下大学老师的一天是怎么度过的吧。

早上8点上课，7点50就要到教室。

这就意味着要6点半起床，7点10分出门。

哦，对了，我还是住得近的。

第二幕：

到教室，上课。

8点到12点，整整4个小时要不停地说话，走动，不能坐下。

一上午能喝整整4大杯水。

中午，食堂的饭菜还是很丰富的，11块钱两菜一汤。

下午，各种学术活动，大咖云集。

偷偷跑出来，回办公室赶第二天要提交的报告。

第三幕：
晚上，终于是属于自己的时间了。
论文、书稿，赶起来吧。
我已经欠出版社四本书了。
凌晨，关电脑，睡觉。轻松而又美好的一天结束了，明早6点半见了。

接下来，要把拍摄的场景规划一下。如果有必须拍摄的内容，也要提前确定下来。本案例中要拍摄的场景如下。

第一幕：家中的床上，家中的洗漱间里，去学校的路上；

第二幕：学校大门口，教室，食堂，学术报告厅；

第三幕：办公室，回家的路上。

当上述这些脚本和拍摄规划都确定了以后，就需要开始着手进行拍摄设备的准备了。

9.4 使用口袋灵眸进行拍摄 ▶▶▶

和之前的所有案例不同的是，这次绝大多数都是在室外拍摄外景，无法使用三脚架，只能手持拍摄，因此需要一些防抖的设备，目前常用的有手机云台、运动相机、云台相机等。

本案例中使用的是大疆的口袋灵眸手持云台相机。它配备三轴机械增稳云台，可以在运动时通过调整和补偿相机姿态实现物理防抖。这款相机体积很小，可以拍摄4K的超高清视频，配合手机可以实现更多功能（图9-5）。

在拍摄的过程中会发现，其实口袋灵眸的强大，不在于它自身的功能，而是它有各种配件可以使用在不同的场合（图9-6）。

图9-5　使用手机配合口袋灵眸拍摄　　　　　图9-6　口袋灵眸的各种配件

在Vlog的拍摄中，如果创作者要出镜，又没有一个能帮忙拍摄的朋友，就需要用到各种配件来配合口袋灵眸拍摄。本案例中，在拍摄车内主人公开车的画面时，可以通过一个小配件，将口袋灵眸夹在副驾驶位置的遮阳板上，将镜头对着驾驶位，就可以一个人进行自拍了（图9-7）。

图9-7　使用配件配合口袋灵眸在车内自拍

口袋灵眸上只有一个很小的屏幕，一些设置操作起来不太方便，可以通过口袋灵眸自带的转换头，将它和手机连接在一起，用手机的屏幕来操作口袋灵眸进行拍摄。

图9-8　口袋灵眸的DJI Mimo操作界面

图9-9　调整口袋灵眸的拍摄参数

图9-10　调整口袋灵眸的视频参数

连接好以后，首先要下载一个大疆开发的配套App "DJI Mimo"。打开App后，需要通过蓝牙自动连接口袋灵眸，然后就会进入操作界面中。在最右侧的菜单可以选择要拍摄的类型，一般的Vlog使用"视频"拍摄，右下角的方向键可以控制镜头的拍摄角度，右侧的大红点是拍摄按钮，点击就会开始拍摄（图9-8）。

口袋灵眸的默认设置是自动曝光，如果拍摄过程中光线有变化，会出现拍摄素材亮度不一样的情况。因此，**如果场景较为简单，建议还是要将曝光锁定**。

点击左侧AUTO字样的按钮，在弹出的浮动菜单中选择上面的M档，再调整下面的ISO和快门等参数，这样在后面的拍摄中，就都会以此参数进行拍摄了（图9-9）。

在使用口袋灵眸拍摄的时候，将拍摄的视频设置为4K的分辨率。点击左下方的按钮，在弹出的浮动菜单中设置"视频分辨率"为4K，"视频帧率"不少于30，"画质"设置为"高"（图9-10）。

在一些拍摄主人公视角的主观镜头时，可以使用配件，将口袋灵眸夹在衣服上进行拍摄（图9-11）。

图9-11　使用配件将口袋灵眸夹在衣服上拍摄

如果需要拍摄一些特殊角度的话，还可以使用蓝牙底座配件。它可以将口袋灵眸和手机通过蓝牙连接在一起，使用手机进行远程控制（图9-12）。

图9-12　口袋灵眸的蓝牙底座配件

在本案例的拍摄中，需要拍摄教室上课的全景。正常情况下是不可能把口袋灵眸放在两米多高的位置去俯拍的，这就可以将蓝牙底座与手机连接，把口袋灵眸放在黑板的上面，再用手机控制，拍摄教室全景的摇镜头（图9-13）。

图9-13　将口袋灵眸与手机连接拍摄教室全景

9.5 同期声的录制 ▶▶▶

在很多Vlog中，主人公都要对着镜头说话。虽然手机有录音的功能，但是如果距离较远，声音会很小，而且会有很多环境音，尤其是在一些比较嘈杂的环境中，录制出来的声音效果就会很差，导致在后期制作的时候完全没有办法使用。

其实很多独白可以在后期制作的时候，用Audition录制，但是如果是现场采访、解说这种需要对口型的同期声，就必须在拍摄的同时进行录制，这就需要使用简单的录音设备。

如果是使用手机进行拍摄，可以使用手机自带的耳机录制。这种耳机一般都会有一个小巧的话筒，便于打电话时通话使用，这个话筒就可以进行同期声的录制。

拍摄的时候，把耳机插在手机上，佩戴耳机后对着话筒说话，就可以得到较好的录音效果，如果是在很嘈杂的环境录制，最好用手拿着话筒放到嘴边录音（图9-14）。

图9-14　用手机耳机进行同期声的录制

这种录制同期声的方法缺点也很明显，从画面上看，那两条白色的耳机线会影响观众对影片的观感。在拍摄的时候，这种自拍镜头一般都要用到长度在一米以上的自拍杆，但是耳机线的长度限制了镜头距离主人公的远近，距离太近的话，拍出来的脸部可能会变形。

如果有条件的话，可以使用无线的蓝牙耳机，这样上面列出来的所有问题都能完美解决。现在基本上各大手机品牌都推出了自己的蓝牙耳机，如果是用手机拍摄的话，最好使用同品牌的手机和蓝牙耳机，这样蓝牙的连接会更稳定。

使用之前，先用蓝牙将手机和无线耳机配对成功。佩戴好以后，拍摄视频的时候直接说话就可以了。需要提醒的是，**蓝牙耳机可持续使用的时间只有几个小时，平时最好先把耳机收起来，录音的时候再把耳机佩戴上**（图9-15）。

图9-15　用蓝牙耳机进行同期声的录制

蓝牙耳机唯一的缺点是，只能一个人使用。如果有个搭档同时入镜，或者在拍摄采访的时候，收录另一个人的声音就不是特别方便了。

另外，比较重要的同期声，一定要拍完以后，先在手机上看一下，确保没有问题再继续拍下一个镜头。

第**10**章 # VIog剧情短视频的 剪辑和制作

一部VIog剧情短视频往往会投入创作者很多的精力和时间，如果希望能够吸引更多的观众，最好是给整部短视频做一下包装设计。

短视频包装包括片头、字幕、转场、特效、声音等设计和制作。

如果把视频的内容比喻成一个"人"的话，那么视频包装就是这个人的衣服。衣服的好坏不在于精美，而在于是否"合适"。为影片设计合适的包装效果，可以有效地提升影片的效果，反之，则会使影片的质量受到影响。

本章中，会学习到使用After Effects制作片头特效，在Audition中处理同期声，以及在Premiere中制作字幕。

10.1 使用After Effects制作片头特效 ▶▶

本案例中，设定的是系列VIog剧情短视频的一集，因此需要有统一的名字——《大学老师的一天》。既然有片名，就需要制作片名字幕。传统的静态字幕太简单了，之前案例中的简单动态字幕也不够吸引人，下面就使用After Effects制作一条比较精致的片头。

片头是放在整部影片开头部分，通过一定的艺术手法高度体现和呈现出影片特点，抓住观众注意力，并出现片名字幕的一个镜头。

随着电脑的普及，特别是多媒体技术的发展，目前片头的展示形式、艺术表现已经越来越多样化。由于片头给观众留下的是第一印象，它从整体上展现了影片的风格和气质，以及影片的制作水平和质量，因此片头对整个影片具有非常重要的影响。

打开After Effects软件，执行菜单的"合成"→"新建合成"命令，或者使用快捷键Ctrl+N，在"合成设置"菜单中，使用"HDTV 1080 25"的预设，新建一个持续时间为5秒的"合成1"文件，并将"背景颜色"设置为纯白色（图10-1）。

使用工具栏中的"横排文字"工具，在合成窗口中输入"● My Vlog ●"的文字，并调整为绿色，使用黑体系列的字体，把文字放在画面的正上方。在"效果和预设"面板中，依次点开"Animation Presets（动画预设）"→"Text（文字）"→"Animate in（动画进场）"，将"打字机"特效拖拽到文字图层上，给标题增加动态效果（图10-2）。

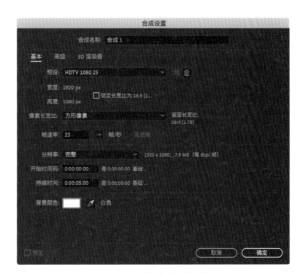

图10-1　新建合成文件

图10-2　制作简单动态文字

在影视作品中，**一般的字幕最好不要使用宋体**，这是因为宋体的"横"笔画非常细，如果距离画面较远，可能会出现因为看不清"横"而误读的情况。所以**最好使用笔画较粗的字体，例如黑体、圆体等**。

这种排列成一条直线的文字效果缺乏变化，接下来使用工具栏上的"钢笔工具"（快捷键G），先选中文字图层，再在文字下面依次点出三个点，中间的点需要稍高一些，并且点击完以后不要松开鼠标，直接向右拖拽，这样就可以绘制出一条曲线。

但是绘制出来曲线以后，文字依然没有按照曲线的弧度发生变化。在时间轴上点击文字图层前面的">"符号，再逐次点开图层下面的"文本"→"路径选项"，在"路径"属性后面的下拉菜单中选择"蒙版1"，即刚才绘制的曲线，然后就会看到文字附在了曲线上面，以上弧线的形式排列（图10-3）。

图10-3　调整文字排列形式

在时间轴上选中文字图层，执行菜单的"编辑"→"重复"命令，或者直接按下快捷键Ctrl+D，将该文字图层复制出一个，这样该文字图层中的字体、颜色、动态效果、曲线等所有属性都会被复制出来。再使用工具栏的"选取工具"（快捷键V），将复制出来的新文字图层移动到正下方。双击该图层，将文字改为"—2019—11—30—"。点开该图层下面的"蒙版"，并选中"蒙版1"，这时该图层的路径控制点会在合成面板中显示出来。使用选取工具将中间的点向下移动，使之变为下弧线，和上面的文字相对应（图10-4）。

图10-4　调整文字排列形式

使用工具栏中的"横排文字"工具，继续制作正标题"大学老师的一天"。这次就不用加动画预设和弧线了。在时间轴上点击该图层前面的">"符号，再点开"变换"，会看到下面有几个非常常用的属性。

　　锚点（快捷键A）：该图层的中心点，用于设置旋转轴心；

　　位置（快捷键P）：该图层的位置坐标，第一个数值是坐标X轴的数值，第二个数值是坐标Y轴的数值；

　　缩放（快捷键S）：该图层的大小，默认是100，且等比例缩放，如果需要解除长度和宽度的缩放锁定，需要点掉数值前面的锁链标识；

　　旋转（快捷键R）：该图层的旋转角度，默认值是0×+0.0，前面的0是旋转的周数，后面的数值是具体角度；

　　不透明度（快捷键T)：设置图层的透明程度，默认是100%，完全不透明。

　　每个属性前面都会有一个小秒表的标识，点一下就会在时间滑块的位置添加一个关键帧。在第1秒的时候，将主标题放在"My Vlog"的位置，在"位置"属性上打上一个关键帧。再将时间滑块拨动到1秒08的位置，使用"选取工具"将主标题移动在画面的正中间。因为小秒表标识已经被激活，所以这时会自动在"位置"属性上添加一个关键帧，按下空格键预览一下，会发现主标题已经被添加了由上往下的动态效果（图10-5）。

图10-5 制作主标题的动态效果

此时主标题的出场有些平淡，需要添加一些特效。使用工具栏上的"矩形工具"（快捷键Q），先在时间轴的空白区域点击一下，确保没有选中任何图层，再在合成面板中，两个副标题中间的空白区域绘制出一个长方形，这样这个矩形就是一个单独的图层。

将"矩形"图层放在主标题图层的上面，再点击主标题图层"TrkMat"选项下面的下拉菜单，选择"Alpha遮罩"，再播放动画，会发现主标题只会出现在矩形的区域内（图10-6）。

图10-6 使用遮罩技术

在After Effects中，遮罩层必须至少有两个图层，上面的图层为"遮罩层"，下面的为"被遮罩层"，这两个图层中只有相重叠的地方才会被显示。也就是说，在遮罩层中有对象的地方就是"透明"的，可以看到被遮罩层中的对象，而没有对象的地方就是不透明的，被遮罩层中相应位置的对象是看不见的。

　　将主标题图层和遮罩层都选中，按下Ctrl+D复制，再把复制出来的两个图层放到原图层的下面，并稍稍往右侧移动一些，让它们出现得晚一点。

　　选择被复制出来的主标题层，先在"字符"面板中将文字改为浅红色，再执行菜单的"效果"→"过渡"→"百叶窗"命令，在"效果控件"面板中，将"过渡完成"调整为58%，"方向"调整为0×+45.0°，"宽度"调整为5，这时文字就变成了一条条的斜细线，作为一种装饰，给标题的画面效果增加一些细节（图10-7）。

图10-7　制作百叶窗效果

　　使用工具栏上的"矩形工具"，绘制一个长条矩形。在时间轴上选中这个"形状图层"，点下P键，就可以只显示"位置"属性，再按着Shift键点下S键，就可以再显示出"缩放"属性。将时间滑块拨动到主标题刚刚出现的位置，点下两个属性的小秒表符号，打上关键帧。将时间滑块往前拨动一点，先解除"缩放"属性的等比例缩放的小锁链图标，然后将两个参数改为0和100，并打上关键帧，这样就形成了由中间向两侧拉伸的动画效果。将时间滑块再往后拨，在"位置"属性上打关键帧，做出该矩形向下移动的动画效果（图10-8）。

图10-8　制作形状动画

将刚才制作的长条矩形图层复制，调整"位置"属性的关键帧，放在主标题的上面，使它们上下对应。

这样该出场动画就完成了——先出现上下两个副标题，再出现主标题，最后再出现上下两个长条矩形的装饰。有入场动画，就需要有出场动画。但是如果是把这些图层所有的关键帧都重新调整，工作量会比较大。这时需要把动画效果看作是一个整体来制作。

在"项目"面板中，在"合成1"上点击右键，在弹出的浮动菜单中选择"基于所选项新建合成"，这样就可以把整个"合成1"打包成一个新的"合成2"。

在新的"合成2"中，选中唯一的"合成1"图层，按下Ctrl+D，复制出一个新图层。点击该图层右侧"伸缩"属性后面的100%参数，在弹出的"时间伸缩"面板中，修改"拉伸因数"为-50，这样就把这个合成动画改为了快速倒放两倍的效果。按下确定后，会发现整个图层消失了，将该图层"出"属性下面的时间修改为"0"即可。

现在下面的原图层还是5秒的时间长度，上面的更改过的图层只有2.5秒，两者有2.5秒的重叠。将时间滑块拨动到4秒的位置，先选中下面的原图层，按下快捷键"Alt+]"，将4秒后的部分剪掉，再选中上面的倒放图层，按下快捷键"Alt+["，将4秒前的部分剪掉，这样两个图层就没有重叠部分了。按下空格键预览，会看到整个标题在前两秒钟入场，静止两秒钟以后再出场（图10-9）。

图10-9　制作出场动画

在"项目"面板中，将"合成2"再打包一个"合成3"。在时间轴中点开唯一图层"合成2"右侧的"3D图层"开关。这时在图层属性中，会多出X轴旋转、Y轴旋转、Z轴旋转三个属性。将时间滑块拨动到最左侧第0秒，调整"Y轴旋转"的参数为0×+38.0°，再在第5秒的位置，调整"Y轴旋转"的参数为0×-38.0°。这样就制作完成了标题字幕的三维旋转效果，使整个二维画面有了纵深感（图10-10）。

制作完成以后，按下快捷键Ctrl+M，将"合成3"渲染输出为带透明通道的mov视频格式，命名为"片头.mov"。

图10-10　制作三维旋转动画

10.2 根据剧本进行粗剪 ▶▶▶

打开Premiere软件，新建一个名为"剧情Vlog-大学老师的一天"的项目，再新建一个标准1080p的"剧情Vlog-大学老师的一天剪辑"的序列。

在正常情况下，既然是展示"一天"，那第一个镜头一定是从早上开始，最后一个镜头是晚上睡觉。但是这样的话，传达的主题就会不明确，让观众在开头的几秒钟无法明确知道全片到底要讲什么，所以**有明确主题的片子，在开头一定要展示出来**。

本案例的片名是《大学老师的一天》，所以开头部分一定要把"大学"的感觉传达给观众。所以在全片的开始部分，用了三个在车上拍摄的移动镜头，都是由画面右侧向左侧移动的，分别是大学的操场、校园的林荫和主教学楼，以此把校园的感觉传达给观众（图10-11）。

图10-11　开场的三个镜头

因为三个镜头都是在行进中拍摄的，所以有些颠簸和抖动，可以先将它们分别"嵌套"，再在镜头之间添加"交叉溶解"的转场方式，让它们之间有渐隐的过渡效果，最后再分别添加"变形稳定器"效果，将画面进行稳定处理。

展示完开场以后，就应该出片头字幕了。新建一个"黑场视频"，放在开场的三个镜头后面，添加"油漆桶"效果，将颜色改为浅灰色。再把前面制作的"片头.mov"文件放在该黑场视频的上面，进行片头的合成（图10-12）。

图10-12　添加片头

片头展示以后，接下来就要进入正片了。既然是展示"一天"，那这部Vlog剧情短视频就要从清晨开始。第一个镜头可以放早上的外景，然后接具体的时间。这样给观众的印象会更加具体（图10-13）。

图10-13　正片展示时间的镜头

展示过时间是早上的6：48以后，按照正常的行为，主人公就要起床开始一天的工作了（图10-14）。

图10-14　起床的镜头

如果想要展现早晨的忙碌，接下来就可以接一组镜头快剪，把穿鞋、刷牙、洗脸几个镜头快速连接在一起，让片子的节奏快起来（图10-15）。

图10-15　早上的镜头快剪

由室内转室外的时候，可以用到之前拍摄的拿毛巾的一个镜头作为转场，让毛巾快速接近镜头，画面变白，再渐隐出行驶在上班路上的镜头（图10-16）。

图10-16　早上的镜头快剪

将上班路上的镜头加速到29倍，速度参数为2900%，再调整"时间插值"为"帧混合"，这样画面就自动增加了运动模糊效果，使速度感变得更强（图10-17）。

图10-17　"时间插值"改为"帧混合"

超快速的上班路上的镜头在进校门那一刻就戛然而止，之后切换为正常速度，将片子的节奏慢下来，接着连续切换进校门、开车门、走向教学楼、进教室门的几个镜头，把行进路线交代清楚（图10-18）。

图10-18　行进路线的镜头切换

　　教室里的情景展示，用之前拍摄的一段5分钟的视频，这是使用三脚架辅助拍摄的固定长镜头，具体拍摄的是老师在走来走去地辅导。但是5分钟时间太长了，可以只留下不同景别的几个动作，快速地切换，显示老师在不断地走动着辅导（图10-19）。

图10-19　长镜头快速剪切

　　上午的课程结束后，在由教室转换到食堂的过程中，如果直接硬剪，会让观众感觉空间的跳动太大。这时中间可以放一个"空镜头"做转场穿插。

　　空镜头（Scenery Shot）又称"景物镜头"。常用以介绍环境背景、交代时间空间、抒发人物情绪、推进故事情节、表达作者态度，具有说明、暗示、象征、隐喻等功能，在影片中能够产生借物喻情、见景生情、情景交融、渲染意境、烘托气氛、引起联想等艺术效果，在银幕的时空转换和调节影片节奏方面也有独特作用。空镜头有写景与写物之分，前者通称风景镜头，往往用全景或远景表现；后者又称"细节描写"，一般采用近景或特写。**空镜头的运用，不只是单纯描写景物，还可以成为影片创作者将抒情手法与叙事手法相结合，加强影片艺术表现力的重要手段。**

　　在本案例中，由教室向食堂转场的空镜头，用到的是由教学楼摇向林荫的画面，也隐喻从视觉上由室内转向室外（图10-20）。

图10-20　用空镜头转场

　　展示完食堂以后，再将镜头转向学术交流中心，这里可以再用另一个由林荫摇向教学楼的空镜头作为转场（图10-21）。

图10-21　由食堂向学术交流中心转场

　　其实空镜头对于气氛的调节也是有一定帮助的，例如要表现从会议现场出来回办公室的镜头，这里用抓拍一只流浪猫的镜头来做过渡，然后再切走廊的主观镜头。因为猫是蹑手蹑脚走路的，所以能给观众传达一种"偷偷"跑出来的感觉（图10-22）。

图10-22　使用流浪猫转场

片尾的时候，可以使用在夜景中，车缓缓驶出校门，作为一天的收尾。粗剪完成的时间轴如图10-23所示。

图10-23　粗剪完成的时间轴

10.3 Premiere的高级调色 ▶▶▶

10.3.1 画面分析

画面分析是指使用肉眼或工具，对画面的色相（Hue）、饱和度（Saturation）、亮度（Brightness）进行分析，判断画面是否有色偏（Color Cast）等需要平衡（Balance）的问题。

（1）肉眼观察

每个人都有自己的色感，前期的画面分析可以通过自己的肉眼，对画面进行观察，做出比较感性的判断。如果画面色偏特别严重，不需要进行什么专业训练，就能看出问题。但对一些很微妙的色偏，则需要通过专业的训练方法才能看清。

要判断的主要有：画面的对比度是不是过强？有没有色偏？是不是只有某个区域或时间段出现了色偏？暗部或阴影部在哪里？一些特定的颜色，例如天空的蓝色、皮肤的颜色等是否准确？这些都需要长期有针对性的训练，才能通过肉眼判断准确。

（2）工具观察

Premiere中内置了对画面分析的相关工具，打开"Lumetri范围"面板，点击鼠标右键，在弹出的浮动菜单中可以点击打开任意的画面分析图，其中比较常用的有矢量示波器、直方图、分量和波形。这些工具可以生成一些图形，使调色师们能够直观地看到画面中色相、饱和度和亮度等信息的分布情况，从而得出准确的判断。

波形分析图分两个方向，纵向是对亮度信息的展示，纵向的顶部是显示画面亮部的信息，底部则是显示画面暗部的信息；横向是对色相信息的展示，由左到右分别是红（Red）、绿（Green）、蓝（Blue）三色。

如图10-24所示，左侧是未经处理过的原始画面，通过波形分析图上显示的信息可以读出，其主要颜色都集中在顶部和底部，中间区域的颜色分布很少，这就说明该画面暗部过于暗，亮部过于亮，对比太强烈；右侧是经过处理后的画面，从波形分析图上可以看到，颜色分布区域更广，画面的中间区域加入了大量的颜色，暗部和亮部的分布也不那么极端了，这样的画面是合格的。

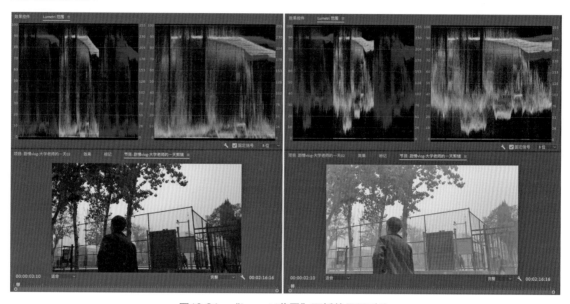

图10-24　"Lumetri范围"面板的显示对比

同理，如果波形分析图中，某种颜色分布区域太广，而其他颜色区域很小，则证明该画面色偏较为严重。如果颜色分布区域都在波形分析图的上部，则证明该画面过亮，曝光过度；反之，如果颜色分部区域都集中在底部，则画面太暗，需要提高曝光度或亮度。

在了解了画面的基本情况以后，就可以有针对性地对画面进行调色了。

10.3.2 一级调色

一级调色的最基本任务，就是要"平衡"画面，即不能出现"不需要"的色偏，画面不能过亮或过暗等。

具体来说，一级调色也可以分为三个步骤，即整体—局部—整体。

（1）整体

调色之前先要熟读剧本，明确影片的基调。因为影像中的色彩也参与了叙事，所以在调色工作进行之前，必须先了解剧本所讲述的故事。例如恐怖、悬疑题材的影片，画面可以暗一些，饱和度低一些；而积极向上的影片，画面需要偏暖一些，亮度高一些。

一部影片是由多个镜头组成的，每一个镜头在拍摄的时候，会受到各种条件的影响，例如光源、角度、场景、拍摄参数不一样，会造成镜头的色相、饱和度和亮度不一样。这就需要针对每一个镜头画面的问题进行调整。

比较有效的方法是，先找到一个有代表性的镜头，将它调至最佳效果，然后再按照该镜头的画面效果去调整其他镜头。

（2）局部

明确了整体画面基调以后，就需要针对每一个镜头去单独调整了。调整时可以按照明暗、灰阶范围、色彩平衡、饱和度的顺序来进行。

1）明暗

明暗是指画面最光和最暗的部分应该是什么效果。

拿到一个镜头以后，首先看一下画面中最亮的部分是天空、皮肤还是哪个部分，然后看一下这部分是否存在曝光过度的情况，通过调整该部分的亮度，来控制画面中的最高亮度。接下来按照同样的办法，将暗部区域调整好。

除了调整亮度以外，还可以通过调整颜色的方式来调整明暗。例如在暗部增加蓝色，暗部的亮度会降低，也就是暗部加深；而在暗部加品红，暗部的亮度会提升，暗部变浅。而在亮部增加蓝色，是会使观众在主观上感觉色彩变亮变白了；要想压暗亮部，则可以增加黄色。

2）灰阶范围（Tonal Range）

灰阶范围是指画面中最亮区域与最暗部分之间的变化，画面的灰阶范围越大，画面层次感就会越强，细节就会越丰富。

这阶段主要是针对画面中间区域的调整，可以根据实际需要进行，例如要表现正能量的影片，可以将中间区域整体调整得偏亮一些，灰阶范围大一些。而如果要表现夜晚或昏暗的效果，则需要偏暗一些。

3）色彩平衡

色彩平衡是调整色偏的过程。

可以配合示波器，尽量将红（Red）、绿（Green）、蓝（Blue）三色的分布区域调整得更广一些，需要分别针对暗部、亮部和中间区域进行调整。

该步骤可以配合"Lumetri范围"面板中的"曲线（Curves）"工具来调整。原理也很简单，窗口由左下到右上，对应的是画面最暗部到最亮部，分别调整四个窗口中的曲线，就可以对画面的亮度和色相进行处理。以图10-25为例，主要的亮度曲线没有调整；红色窗口中曲线对应的效果是画面亮部增加红色，暗部减少红色；绿色窗口中曲线对应的效果是画面中间区域增加绿色；蓝色窗口中曲线对应的效果是亮部减少蓝色，暗部增加蓝色（图10-25）。

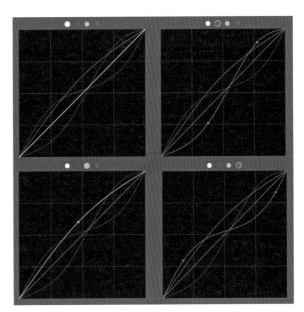

图10-25　曲线调色

通过曲线工具，可以有针对性地对画面暗部、中间区域、亮部的色相进行调整，从而达到整个画面中色彩平衡的效果。

4）饱和度

饱和度是指色彩的鲜艳程度，也称色彩的纯度。饱和度取决于该色中含色成分和消色成分（灰色）的比例。含色成分越大，饱和度越大；消色成分越大，饱和度越小。纯的颜色都是高度饱和的，如鲜红、鲜绿。混杂上白色、灰色或其他色调的颜色，是不饱和的颜色，如绛紫、粉红、黄褐等。完全不饱和的颜色根本没有色调，如黑白之间的各种灰色。

调整时，需要将相邻镜头画面的饱和度尽量保持一致，尽可能还原出真实的画面效果。

画面饱和度的大小会对观众的心理产生影响，例如较高饱和度的画面会使观众的心情更加愉悦，而低饱和度的画面会让观众感觉到压抑。

（3）整体

当每一个镜头的问题都被纠正以后，就需要根据剧本、导演想表达的情绪进行整体调色。

如果是一部以美食为主题的影片，可以使整体色调偏暖一些，例如黄色、橘色等，这样会让观众更有食欲；如果要表现的是初恋感觉的，可以使整体的暗部提亮一些，饱和度增加一些，使画面形成偏"粉"的日韩小清新效果；如果是怀旧主题的影片，就需要把饱和度降低，整体色调偏褐色一些，让画面显得更"复古"一些。

10.3.3 二级调色

一级调色影响的是整个画面，而二级调色将调整限制在某一特定区域或某一颜色范围内。二级调色也可以影响某一灰阶范围，但该范围更具体，而不像一级调色时用到暗部、中间区域和亮部那样宽泛。

二级调色有三个基本步骤：

① 明确所要完成的任务；

② 限定画面中的调色范围，且不影响无需调色的区域；

③ 在限定的区域内侧或外侧完成调色处理。

而这其中最重要的，就是第②步，也被简称为"限定调色区域"。这一步需要利用各种手段将画面的某一区域分离出来进行相关调节，一般有三个基本途径：

① 分离某一颜色或亮度范围，或两者的结合；

② 通过图形或遮罩来限定画面区域；

③ 将以上二者结合起来。❶

（1）分离调色

分离调色是二级调色中最好的一种方法，如果能完美地把需要调色的区域分离出来，就不用担心摄像机的运动，或者有什么东西从前景划过。只要分离出的或限定的像素维持相同的色彩不变，那么在上面进行的颜色调整就不会改变。

要完成画面颜色的分离，可以在"Lumetri范围"面板中的"HSL辅助"属性中，使用吸管工具点击想要分离出的颜色区域，并根据实际需要，增加或减少选中的区域，甚至对边缘进行模糊处理等。如图10-26所示，通过吸管工具选取了画面中人物皮肤部分，方便单独调整主人公的肤色。

---

❶ 赫尔菲什.数字校色（第2版）[M].黄裕成，周一楠，译.北京：人民邮电出版社，2017:142.

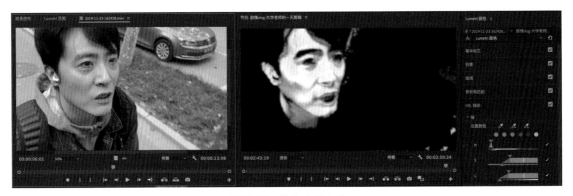

图10-26　选取角色皮肤

选取以后，就可以针对这一区域，调整色相、饱和度或亮度了。

（2）定点调色

定点调色就是在画面上画出某形状区域，并对该区域内侧或外侧进行颜色调整。早期的定点调色只能使用固定的几何形状，例如圆形和矩形来绘制区域。而现在基本上所有的软件都可以使用贝塞尔曲线来绘制自定义的形状，甚至可以跟踪镜头运动。

定点调色适用于那些静止镜头，或者是运动幅度较小的镜头。

定点调色被广泛运用的一种情形是暗角（Vignette）处理，即将画面的边角调暗，使观众的注意力集中到画面中心。处理时，通常在画面的正中间加上一个边缘被过度羽化的椭圆形。在Premiere中，可以在"Lumetri范围"面板中的"晕影"属性中，调整"数量"参数，负值为黑色晕影，即暗角，正值为白色晕影；"羽化"是晕影的过渡效果，数值越高，过渡越柔和（图10-27）。

图10-27　对右侧的画面进行暗角处理

10.4 同期声处理和字幕制作 ▶▶▶

10.4.1 配合Audition进行同期声的处理

本案例中的人声，除了使用Audition直接录制的旁白以外，还有在拍摄的过程中直接录制的同期声，这些声音是被包含在视频文件中，一起导入Premiere的。如果发现环境音过大，需要进入Audition中降噪，常规的做法是从Premiere中将该声音文件导出wav格式，再导入

Audition中降噪，处理完再从Audition中导出wav格式文件，最后再导入Premiere中，流程麻烦且费时费力。

但是因为Premiere和Audition都是Adobe公司的软件，它们之间文件的互导是有便捷通道的。

在Premiere的时间轴上，右键点击需要编辑的声音文件，在弹出的浮动菜单中选择"在Adobe Audition中编辑剪辑"（图10-28）。

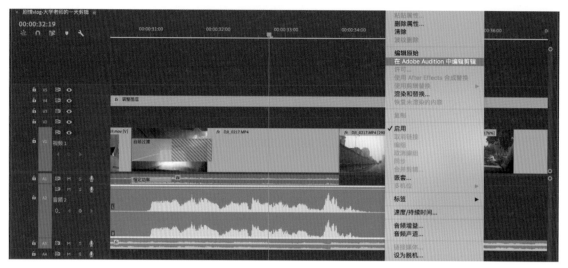

图10-28　在PR的时间轴上直接将声音文件导入AU

然后Audition软件会自动将该声音文件导入，并进入"波形"模式，这时就可以直接对其进行降噪。处理完以后，执行菜单的"文件"→"保存"命令，或者直接按下快捷键Ctrl+S，就可以将该声音文件保存（图10-29）。

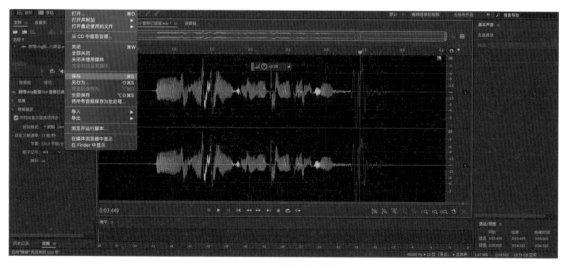

图10-29　AU处理声音文件

如果感觉声音比较平的话，也可以在Audition中进行处理。执行菜单的"效果"→"滤波与均衡"→"图形均衡器（10段）"命令，先提高左侧的低音区，再降低中间的中音区，最后再提高右侧的高音区，将声音的对比度提升（图10-30）。

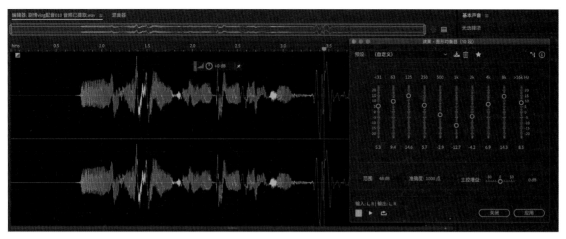

图10-30　AU处理声音文件

回到Premiere中，声音文件已经被处理并替换过了。这种Adobe软件的互通，可以将烦琐的工作流程简单化，极大地节省制作时间。

10.4.2 Premiere中字幕的制作

字幕（Subtitles of Motion Picture）是指以文字形式显示电视、电影、舞台作品中的对话等非影像内容，也泛指影视作品后期加工的文字。在电影银幕或电视机荧光屏下方出现的解说文字以及种种文字，如影片的片名、演职员表、唱词、对白、说明词以及人物介绍、地名和年代等都称为字幕。影视作品的对话字幕，一般出现在屏幕下方。

将节目的语音内容以字幕方式显示，可以帮助听力较弱的观众理解节目内容。并且，由于很多字词同音，只有通过字幕文字和音频结合来观看，才能更加清楚节目内容。

优秀的字幕须遵循5大特性：

① 准确性：成品无错别字等低级错误。

② 一致性：字幕在形式和陈述时的一致性对观众的理解至关重要。

③ 清晰性：字幕在画面中应该足够清晰，确保观众能顺利读取。

④ 可读性：字幕出现的时间要足够观众阅读，和音频同步且字幕不遮盖画面本身有效内容。

⑤ 同等性：字幕应完整传达视频素材的内容和意图，二者内容同等。

影片中有对白或独白（Monologue）的话，一般需要在屏幕下方出现相关字幕。

出于简洁的考虑，字幕是不需要出现标点符号的，如果需要分句，可以在句与句之间用2～4个空格来隔断。

字幕一般使用黑体，因为笔画粗细一致，有较强的识别度，而宋体"横"的笔画比较细，识别度较弱。

字幕一般使用白色或黑色。如果字幕的颜色和画面过于接近，可以给字幕添加阴影、底色等效果。

Premiere中的字幕文件分为隐藏性字幕和开放性字幕两种，前者可由观众切换为显示或不显示，但这需要专门的视频播放器。本案例中的字幕以开放性字幕为主进行讲解。

执行菜单的"文件"→"新建"→"字幕"命令，或者在"项目"面板中，点击右下角的

"新建项"图标，然后从浮动菜单中选择"字幕"。在弹出的"新建字幕"面板中，将"标准"改为"开放式字幕"，其他的参数和剪辑序列保持一致，按下"确定"按钮（图10-31）。

图10-31　新建"开放式字幕"

这时会在左下角出现"字幕"面板。如果没有的话可以通过执行菜单的"窗口"→"字幕"命令打开，或者在"项目"面板中找到新建的"字幕"文件，双击打开。

在"字幕"面板右侧的字幕输入区中，将同期声或独白的文字内容输入，并在面板上方调整字体、大小、颜色等属性，然后从"项目"面板中，将字幕文件拖到时间轴中的源序列上，位于该序列中所需的镜头画面上方（图10-32）。

图10-32　制作"开放式字幕"

多次点击"字幕"面板右下方的"+"图标，在新建的字幕上逐一添加片中所需要的文字内容（图10-33）。

图10-33 制作多条字幕

将所有字幕输入完以后，在时间轴上，使用"选择工具"，调整每一段字幕的位置和时间长度，使其匹配独白和同期声的音频文件（图10-34）。

图10-34 在时间轴上调整字幕

除了这种制作字幕方法，还可以通过执行菜单的"文件"→"新建"→"旧版标题"命令，使用之前制作标题的方法来制作，可供调整的字幕形式更多，但是需要一条一条进行制作。

字幕完成以后，本案例的剪辑制作就全部完成了，最终的工程文件如图10-35所示。

图10-35 最终的工程文件

第11章 短视频的发布与运营

在短视频制作完成之后，下一步就是要进行发布并运营，以获得较高的播放量与热度，从而达到快速变现的目标。

在短视频热度不断上升的同时，短视频平台也越来越多。如何选择合适的平台进行发布与投放？如何根据不同平台粉丝的属性进行互动与推广？如何才能经营好品牌并保证热度的持续性？这些都是本章要讲解的内容。

11.1 各大短视频平台的特点 ▶▶▶

在发布这一阶段，平台的选择非常重要。一个好的平台可以令短视频在最短的时间内打入新媒体营销市场，最快地吸引到"粉丝"，从而获得知名度。

目前，短视频的发布平台从媒体类型上可以分为两类：

① 传统媒体：主要是各大电视台，但目前传统媒体处于衰落期，关注度一直在下降。

② 网络媒体：各大网站、自媒体、App等，目前热度较高，处于活跃期。

如果是企业或个人运营短视频，以营利为目的，首选网络媒体。如果是事业单位，有宣传上的需要，传统媒体也是很好的选择。

网络媒体从性质上可以分为独立平台与综合平台两种。独立平台指的是专门以短视频为核心卖点的平台，代表有抖音、快手、西瓜视频、B站等，而综合平台则指包含多种功能且其中兼有短视频业务的平台，例如微博、腾讯视频、优酷视频等。这两种平台各有各的优势。独立平台虽然一般社交业务较弱，但是有喜欢固定类型的"粉丝"群体，例如B站的粉丝主要是喜欢二次元的群体，如果团队的制作方向是动漫，就可以以B站为主要运作平台。综合平台往往不是以短视频业务为主，但是由于综合平台社交功能强大，固定"粉丝"群体也较为庞大，如果短视频在其平台上获得认可，转载起来人气积累的速度也是很快的。

其中，以下几个平台是必须要发布的。

腾讯视频：因为有庞大的QQ、微信用户，所以腾讯视频是综合平台中必须要发布的。其不但受众基数大，而且微信公众号只能链接腾讯视频平台中的短视频。另外，在微信朋友圈中，很多视频平台的链接都会被屏蔽，而腾讯视频是可以直接分享在朋友圈以及微信对话中的，所以如果希望亲朋好友能看到自己创作的作品，必须得先在腾讯视频发布，再将链接转发在自己的朋友圈或直接在微信对话中发送（图11-1）。

微博：微博作为一个社交平台，具有非常高的便捷性，拥有信息发布快、传播速度快的特点。根据2019年第三季度新浪微博财报数据显示，微博平均日活跃用户数为2.16亿。在用户群体如此之广的一个平台上，一旦某个短视频引爆了热点之后，将会被多次转载，获得相当大的播放量（图11-2）。

图11-1　腾讯视频的短视频版块

图11-2　微博的Vlog版块

抖音：作为全网最火爆的短视频独立平台之一，用户众多，运营专业，而且可以通过多渠道帮助创作者变现。例如可以在短视频中加入"商品分享"，如果有观众购买就会有分成；还可以通过"DOU+上热门"服务，帮助短视频快速积累人气等。

西瓜视频：作为和抖音、今日头条一起，同属于"字节跳动"旗下的视频平台，在西瓜视频平台上传短视频，可以同步到抖音、今日头条等平台，非常方便。随着2020年初字节跳动买下电影《囧妈》的首映，并放在西瓜视频平台免费播出，字节跳动对西瓜视频的扶持力度在日益增加，对平台上的短视频推荐力度也很大，给创作者的扶持资金也比较充裕。"西瓜视频金秒奖"也是举办了多年的权威奖项，还经常举办有奖活动，吸引各位短视频创作者上传视频拿相应的奖金（图11-3）。

图11-3 头条号中西瓜视频的创作活动列表

11.2 短视频发布的技术要点 ▶▶▶

11.2.1 画面调整

在发布之前，先要根据不同平台的情况，对自己短视频的画面进行一些调整。综合平台例如腾讯视频、优酷等，因为都是横屏，所以使用正常的画面就可以。但是以抖音、快手为代表的手机端，观众都是在手机屏幕上观看的，而且画面中还有各种UI按钮、互动区和评论区等元素，所以需要对短视频的画面进行一些调整。

以抖音为例，在播放短视频时，整个画面可以划分为以下几个主要区域（图11-4）。

评论输入区：位于画面的最下方，观众可以直接输入对该视频的评论。该区域为全黑色，不显示任何的短视频画面。

标题文案区：位于画面的左下方，显示短视频的作者、发布日期、作者写的介绍文字以及背景音乐。该区域以文字的形式覆盖在短视频画面的上面。

点赞评论区：位于画面的右下方，显示短视频作者的头像、点赞图标、评论图标、背景音乐的版权图标等。该区域以图标的形式覆盖在短视频画面的上面。

边缘区：位于整个画面的边缘部分，显示手机的相关信息，例如时间、电池情况、WiFi图标等，以图标的形式覆盖在短视频的画面上面。

以上四个区域，因为有其他元素覆盖，因此在短视频的画面中不要添加任何的文字及其他重要信息，以免和该区域的元素重叠在一起。

最佳标题区：位于画面的正上方，可以在短视频画面中添加相关的标题信息。

最佳表演区：位于画面的中间，没有任何遮挡和覆盖，适合在此区域展示短视频的重点内容。

最佳字幕区：位于画面的下方，可以在短视频画面中添加相关的字幕等。

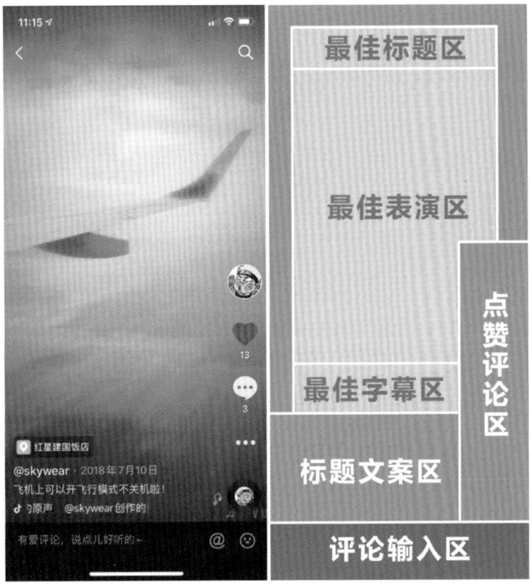

图11-4　抖音中短视频播放时各个区域的划分

11.2.2 上传视频的要求

调整完画面以后，就可以输出视频并准备上传发布了。

短视频平台对上传视频的技术要求基本上都是一样的。以腾讯视频为例，它分为直接上传和安装浏览器控件上传两种形式，具体技术要求如下。

视频大小	不安装控件：不支持断点续传，视频文件最大200M 安装控件：支持断点续传，IE浏览器视频文件最大4G，其他浏览器视频文件最大2G
视频规格	常见在线流媒体格式：mp4、flv、f4v、webm 移动设备格式：m4v、mov、3gp、3g2 RealPlayer：rm、rmvb 微软格式：wmv、avi、asf MPEG 视频：mpg、mpeg、mpe、ts DV格式：div、dv、divx 其他格式：vob、dat、mkv、swf、lavf、cpk、dirac、ram、qt、fli、flc、mod
视频时长	不支持时长小于1秒或大于10小时的视频文件，否则上传后将不能成功转码
高清视频	支持转码为高/超清，上传的原视频需达到以下标准： 高清 (360p)：视频分辨率≥640×360，视频码率≥800kbps 超清 (720p)：视频分辨率≥960×540，视频码率≥1500kbps 蓝光 (1080p)：视频分辨率≥1920×1080，视频码率≥500kbps
视频处理流程	1. 上传：将视频上传至服务器 2. 转码：上传成功后，服务器将视频转码成播放器可识别的格式 3. 审核：转码完成后视频进入内容审核阶段 4. 发布：审核通过，视频正式发布

手机端的短视频平台，例如抖音、快手等，因为绝大多数观众都会在手机上观看，为了实现更好的观看体验，推荐上传竖版视频。

视频格式：支持常用视频格式，推荐使用mp4、webm；

视频大小：视频文件大小不超过4G；

视频分辨率：分辨率为720p（1280x720）及以上。

11.2.3 上传时间

辛辛苦苦做好的短视频，肯定是想挑选一个好的时间点上传。虽然没有"黄道吉日"的说法，但在什么时间上传短视频能够获得最大的播放量呢？

通过对某短视频平台的数据抓取，发现在正常的情况下，一周7天当中，周五的平均播放量要明显高于其他时间（图11-5）。

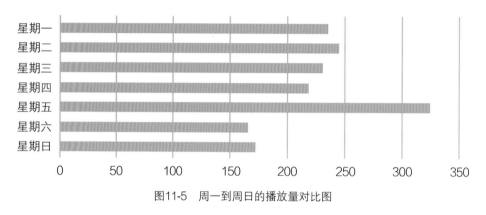

图11-5　周一到周日的播放量对比图

在每一天的24小时中，平均播放量最高的时间点则有几个小高峰。早上起床的**8点**、**9点**，中午和晚上下班放学的**12点**和**17点**，以及晚上睡觉前的**21点**左右，都是发视频的好时机。而凌晨2～4点由于发布视频数量较少，平均播放量也整体较高（图11-6）。

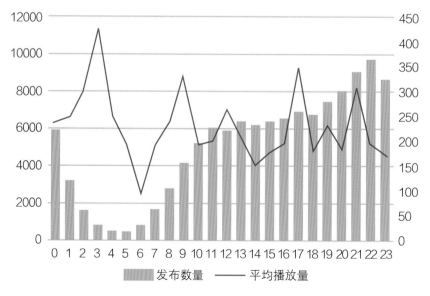

图11-6　24小时内短视频平均播放量对比图

所以相对来说，**最好的发布时间，是每周五的21点左右**。

但这只是整体的情况，**不同类型的短视频，发布的最佳时间也不一样**。例如美食类短视频的发布时间可以放在中午或下午，便于观众采购食材等。所以在发布之前，最好查找一下该领域做得比较好的短视频账号，了解一下其发布时间。

11.3 短视频如何快速变现 ▶▶▶

投资方和各界有志之士蜂拥而至，纷纷投入短视频的蓝海之中，自然是看中短视频的未来发展和盈利趋势。那么如何让几分钟的短视频变现呢？其大致的盈利模式主要分为直接变现、间接变现及其他盈利模式三种。

直接变现：就是将短视频传到平台上，**根据播放量、点赞量、转发量来计算出收益**，由平台方直接发放给创作者。

例如B站的"bilibili创作激励计划"，是B站推出的针对UP主创作的自制稿件进行综合评估并提供相应收益的系列计划。但是绝大多数短视频平台，都需要创作者前期有一定数量的短视频累积，才可以去申请开通收益。"bilibili创作激励计划"的加入条件是：创作力或影响力达到55分，且信用分不低于80分（以申请时刻的电磁力为准）。

很多扶持力度较大的平台，还会有很多其他分成的形式。例如今日头条中，只要创作者允许，系统就会自动在短视频中投放广告，就会产生"头条广告"的分成；还有赞赏机制，允许粉丝或观众给短视频打赏，这也会产生分成；甚至系统还可以在短视频中投放商品，如果有观众点击并完成购买，也会有"商品佣金"分成。这些分成模式都是系统自动投放的，无须创作者自己去找广告主（图11-7）。

图11-7　今日头条的整体收益

绝大多数短视频平台的收益提现，都是以月为单位进行的，例如头条号结算提现的申请日期是每个月的2～4日，其他时间无法提现。

间接变现：指不通过视频本身而通过一些额外的方式，达到视频价值的变现。由于其方式更加多样灵活，短视频平台和制作者在其中的操作空间较大，于是间接变现成为了现在短视频的主要盈利模式，其主要分为**广告植入、内容合作盈利、短视频带货**几种。

广告植入是视频获利最常见的模式，但前提是，创作者之前发过的短视频要有比较好的反响，并有一定的粉丝积累。因为广告主来进行广告植入，一定是因为看中了短视频内容和"粉丝"流量。

创作者和广告品牌合作，一定要和自己的视频内容、视频特点及受众群体吻合。广告植入要符合观众的观感，例如美食短视频，软植入一些食用油、厨具等产品，就不会有任何的违和感，而植入美妆产品就不太合适了。

图11-8　抖音短视频中的商品

图11-9　抖音短视频中的商品橱窗

图11-10　虎课网上的知识付费课程

很多短视频平台推出了"短视频+电商"的带货变现模式。简单来说，就是在短视频中插入相关的商品链接，引导观众去购买，产生收益后进行分成。例如抖音平台中，一些短视频会在画面的"标题文案区"加入商品，当观众点击后，会进入购买页面（图11-8）。

这种变现形式需要账号在抖音的"创作者服务中心"中，开通"购物助手"功能，然后账号主页的ID下面就会出现"商品橱窗"。观众从这里点进去，就能看到该账号所销售的所有商品。如果完成购买，创作者就会获得收益分成（图11-9）。

其他盈利模式：随着各行各业的人投身于短视频制作，很多其他的盈利模式也开始出现，其中**以内容付费、周边产品开发、短视频接单为主**。

内容付费模式是知识型短视频变现的一种手段。其模式大致是通过短视频节目积攒人气，然后采用社群经济的方式，利用线上直播或者线下上课等手段进行变现。此类模式需要短视频制作者本身在某一领域具备较为专业的知识，才能真正为用户提供有效的知识培训，使得用户从中有所收获，这样才能在短视频与用户之间建立良性的关系，保证用户的稳定性（图11-10）。

当创作者的短视频开始持续吸引观众，粉丝不断增加以后，可以考虑周边产品开发这种形式。简单来说，就是开发大量和短视频类型相关的线下产品出售。例如美食短视频"日食记"就开发了大量美食类相关的产品，在淘宝、京东等电商平台出售来获利（图11-11）。

图11-11　日食记淘宝旗舰店

短视频接单则是最直接的盈利模式，创作者可以拿着自己制作的短视频作为案例，通过豆瓣稿费银行小组、淘宝工作室、猪八戒网等渠道，找到一些有短视频制作需求的客户，通过帮他们制作短视频来获得报酬。这种形式的好处是可以直接变现，一手交钱一手交片，缺点是要放弃自己创作的短视频的版权。

11.4 短视频的推广策略 ▶▶▶

短视频的推广，归根结底是对短视频账号、栏目的推广。

当短视频被上传到平台上以后，所有创作者肯定都希望观众越来越多，能够给自己的短视频账号积累第一批用户和粉丝。如果只是单纯地认为上传以后就可以坐等粉丝增长，那就大错特错了。除非短视频的质量真的特别高，还能蹭上热点，再加上运气，否则大概率是观众寥寥，增粉缓慢。那么，应该怎样去推广自己的短视频呢？

首先，利用一切可以利用的资源，尽可能增加曝光度。 例如个人的资源：在微信朋友圈、微博发布，或者通过微信、QQ把视频分享给朋友、同事等。因为前期的播放量和点赞量很关键，如果短视频发布以后两项数值都很高，按照平台的机制就会判断这个短视频很受欢迎，会继续推给更多的人看。反之，平台就会逐渐取消对该短视频的推荐。

其次，可以在贴吧、知乎、论坛进行互动， 在互动时推荐自己的短视频栏目和账号，达到宣传的效果，尽一切可能去曝光自己的短视频。

最后，如果上述方法都没有什么效果，但是对自己的短视频很有信心，可以以付费的形

式，**尝试一下各大平台的官方推广方案**，例如抖音的"上热门"功能。在短视频的播放页面，点击"上热门"图标，会弹出相应的页面，比如以推荐给4900人、提升4900播放量为例，需要支付98元的推广费用（图11-12）。

图11-12　抖音"上热门"的具体页面

当短视频账号的粉丝慢慢达到一定的数量了，**进入发展上升期，这时的推广需要做的就是对现有粉丝的维护，然后不断积累粉丝，才能达到持续增长的状态**。例如在评论区对一些热门评论做回复，经常与粉丝进行互动，甚至组织一些微信群、QQ群进行交流，让粉丝感觉到自己是被重视的，而且自己的想法、观点、建议被看到了，这样一来二去的话，可能就会让粉丝养成习惯，从而慢慢留住粉丝。甚至粉丝还会进行转发，去吸引另外一批观众来关注。

还可以与其他的短视频账号进行合作，相互转发推送彼此的短视频作品。但是在寻找这些账号的时候，需要注意粉丝画像❶的相近性。例如现在做的账号是面向妈妈群体的，那么在找合作账号的时候，联系一些做游戏的栏目就不太合适了，因为游戏栏目更多面向的是男性用户。在开展合作导流的时候，对于面向妈妈群体的账号，可以找一些做母婴类短视频的账号，这样受众相近，能带来有效用户的可能性就会比较大。

如果短视频上传以后，还能对标签进行修改，那么可以**适时根据热点去修改短视频的标签**。因为平台会根据所打的标签进行推荐，观众如果搜索相应的热点就会看到该短视频。

当一个短视频完成所有的推广以后，接下来就要考虑怎样继续创作短视频并吸引粉丝。这里建议抓住一个领域尽可能深挖，每一部短视频都以此为主题进行创作，将其打造成一部系列短视频。系列短视频由于其连贯性，可以引起观众的好奇心，这样就可以令观众在较长的一段时间内对该短视频团队保持一定的关注度，保证其曝光度。在制作系列短视频的同时再不断对其内容进行升级，可以长久地保持一个短视频团队的生命力。

德国心理学家艾宾浩斯（H.Ebbinghaus）研究发现，人的记忆保留是有规律的，人在记住一件事情之后，会随着时间的流逝而逐渐将其忘却，这种遗忘速度在一开始较快，此后会逐渐慢下来。而在记住这件事不久后就对其进行复习，可以有效地减慢这种遗忘速度。依照这个理论，制作系列短视频可以使得用户在观看每一期的时候都加深对该系列的印象，随着时间的增加，该印象也就越来越深刻，从而避免被用户遗忘。下表为时间间隔与记忆量关系表。

---

❶ 粉丝画像，指用户的自然特征，包括年龄、性别、喜好、职业、职位、家庭等方面，更详细一些的还涉及用户的行为特征，如聚集在微信群聊天、每周定期收看某综艺节目、看相关儿童教育专家的网络文章等。

时间间隔	记忆量
刚观看完	100%
20分钟后	58.2%
1小时后	44.2%
8~9小时后	35.8%
1天后	33.7%
2天后	27.8%
6天后	25.4%

当短视频账号到了一个稳定期的时候，也可以**多参加一些平台组织的活动**。当平台有推广活动的时候，短视频账号也会得到更多的曝光。活动推广比较好的话，可能就会促进一部分粉丝用户参与转发，间接为账号起到宣传的作用（图11-13）。

 情人节一起嗑CP
【进行中】2020-02-07 至 2020-03-08
只要嗑得深，CP磨成真！投稿分享你的CP，最高可得一万元奖金！

 新年吐槽大会
【进行中】2020-01-10 至 2020-02-13
快来吐槽吐槽！

 花式吃播大赏
【进行中】2020-02-05 至 2020-03-09
投稿瓜分5万元，关于吃饭的故事想和你分享！

 寒假vlog-一起学习吧
【进行中】2020-01-07 至 2020-02-09
打卡瓜分5万元，集赞可得大会员！

 春节惊喜大放送
【进行中】2020-01-27 至 2020-02-10
明星新春祝福大放送，春晚名场面大盘点，还有新春福利奖品送出！惊喜不断！

 2020新星计划-寒假赛
【进行中】2020-01-13 至 2020-02-25
新人瓜分专属10W奖金，大疆无人机大礼包等你抢！

图11-13　B站的各种短视频创作活动

11.5 短视频账号的运营策略 ▶▶▶

短视频运营需要持之以恒，只凭一个短视频就能火爆全网的少之又少，因此需要不断地创作、发布、推广、积累粉丝，这样才能厚积薄发。所以就需要有一个短视频账号，在所有平台使用，使该账号深入人心。

在最前期，**首先要面临的是该短视频账号的定位问题，内容一定要做到精准、垂直**。然后找到垂直内容的点进行扩散。比如，定位是VR行业，除了发布VR视频之外，还可以发布一些其他好玩的VR游戏视频，等等。

做短视频运营最忌讳的就是什么视频都发，今天发搞笑视频，明天发旅游视频，后天发音乐视频。这样，账号里的内容就成了大杂烩。时间一长，不仅自己不知道发什么，就连平台的机器也不知道该把你的视频推荐给谁了。

定位明确后，就要进入正式运营阶段了。

首先要给账号取名字，也就是昵称、ID。名字一定要和所做的短视频领域相关联，比如做音乐的，那就把名字写成关于音乐的，因为现在平台系统都是很强大的，系统会自动推荐给喜欢音乐的观众，而当有观众搜索"音乐"时，带音乐字样的账号就会被推送出来（图11-14）。

图11-14　B站音乐领域的UP主们

接下来是账号的简介，写时一定要带有重点垂直领域的关键字。比如：音乐卡点教学老王，"音乐卡点教学"是告诉别人你是做什么的，"老王"是名字。每周五准时更新一期短视频，这样后期增加的粉丝就会养成固定时间来观看的习惯，这就是养号的一个过程。

其实在每一个平台注册账号以后，都需要先"养号"。这里以抖音为例，来介绍"养号"的具体操作。

抖音刚注册的前3天不要发布作品，可以先关注两三个比较火的账号，浏览它们的作品，并点赞、评论。这样可以让系统后台对你的账号有一个初步印象，知道该账号的兴趣所在，它就会推荐相应的短视频给你。

再关注20个左右同城粉丝比较少的账号，浏览、点赞、评论。

进抖音首页以后，看推荐的视频5个以上，顺带可以看一下附近的同城抖音视频。每天评论刷到的各类视频，10～20条即可，使用消费者的思维方式进行评论，比如"挺好的""太棒了""太搞笑了"，等等。持续以上操作3～5天，期间不要发布任何作品内容。

那么，怎样算养号成功了呢？

比如刷了10个抖音视频，结果会发现有5个以上都是跟自己账号是同属性的，那就说明这个号养成了。另外，当你发布的前几个抖音测试视频，播放量在 200～300之间，也说明账号基本养成了，后续就可以平稳更新视频了。

抖音号开起来后，就要认真发，发优质视频。千万不要随心所欲地发，今天发逛街的，明天做一条音乐类的，如果视频点赞、阅读量不高，系统可能就会判定其没有质量，之后就没有推荐量了，甚至会把账号降权。所以从**一开始，就要认真做，认真找选题，写文案，以及拍摄和制作，每一条都力求高品质，这样涨粉才快。**

发布之前，先要对各个短视频平台的算法机制进行全方位的了解，这里以抖音为例。

算法：上传视频之后，由机器小范围地推荐给可能会对你视频标签感兴趣的人群，即一个小流量池，差不多在20～250人之间（这些人包含通讯录好友，账号粉丝，所使用的音乐账号的粉丝或点赞的、关注这个话题的粉丝，同城、系统随机分配的用户），并计算在单位时间之内观众的评论、点赞和分享数。具体公式是：热度=A×评论数+B×点赞数+C×分享数，系数A，B，C会根据整体的算法实时微调，大致上C>A>B，这一步是第一次推荐。这就是为什么平时会看到系统推荐里面出现的短视频，有些点赞、评论，甚至播放量几乎是0，因为你是这个视频的第一波观众。

推荐机制：抖音最初的流量池会推荐200~500左右的人，如果这200~500人的播放量、点赞量、评论量、转发率、关注量、完播率这几个数据达到官方的初步标准，官方就会进行第二次推荐。第二次推荐量在3000左右，第三次推荐量在1.2万~1.5万左右，第四次推荐量在10万~12万左右，第五次推荐量在40万~60万左右，第六次推荐量在200万~300万左右，第七次推荐量在700万~1100万左右，第八次推荐会进行标签人群推荐，这时候的量级在3000万以上。其中，第四个层级的流量会介入人工审核。

发布视频的时候，尽量选择腾讯视频、头条号、B站、小红书、抖音、快手、知乎等多平台分发。有时同样的内容，这个平台火了，那个平台却反响平平。这就跟鸡蛋不放在同一个篮子是一样的道理，比死磕一个平台要轻松许多。

另外，**很重要的一点是，要想尽办法让人家把你的短视频看完，甚至多看几遍，这个数据被称之为"完播率"。**

一个作品完播率很高，能够增加作品的权重。可以通过在短视频中设置悬念提高完播率，比如可以留言说"视频里面设有彩蛋，不知道你们发现了吗""里面有个笑场却成了经典，不知道你们发现了没""作品里有瑕疵，有谁看出来了"。

发作品之前，"标题"也是决定用户会不会看完短视频的关键所在。**标题格式可以以"槽点+反问+互动"的形式来写。**如果感觉标题不太好写的话，可以养成建立标题库的习惯，把平时看到的写得很好的标题收集起来，以便自己以后使用参考。

很多平台都会发布官方的"话题"。**发布作品之前一定要加话题，**尤其是最新最热的话题，可以帮助短视频获得更多的曝光机会（图11-15）。

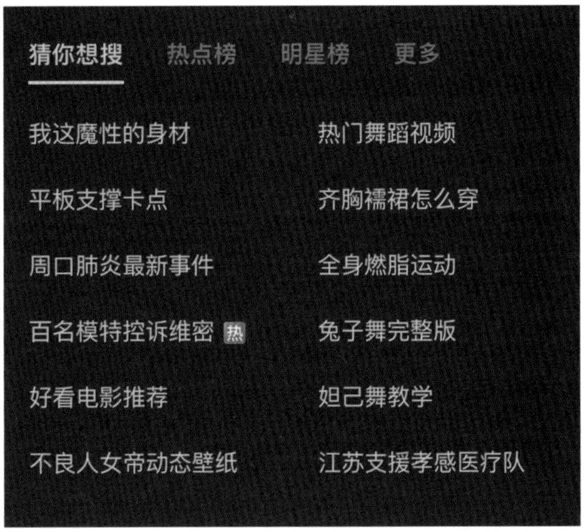

在其中一期短视频完成了发布、推广等所有活动以后，需要对该短视频的最后数据进行整理归纳和总结。一般最需要关注的是浏览量、评论量、点赞量、评论率和收藏率。

浏览量、评论量、点赞量能帮助创作者分析哪些视频受欢迎；评论率能让创作者知道哪类内容能引起大家讨论的欲望；收藏率能侧面看出大家是否觉得这条短视频有价值。

对于多平台发布的短视频，还可以分析它在不同的平台播放有什么不同的数据现象。如

图11-15 抖音的热门话题

果不同的视频里有一条视频浏览量、点赞量比较大，可以找出其与其他视频的不同，再去优化接下来的短视频。有了这些数据，创作者就能及时调整内容方向和选题。**最好以一周为一个周期去做数据总结分析。**

第12章 优秀短视频案例创作解析

很多人对短视频有一个误区，觉得短视频就是一两个人的小团队，在抖音、快手上发的那些生活日常。但其实短视频的应用领域很广，从个人的展示，到企业形象、品牌的展示，甚至国家层面的展示，都可以用短视频这种形式去创作。

本章就通过4个笔者制作过的典型案例，一起来看一下短视频在商业领域的创作过程吧。

12.1 新闻Vlog短视频 ——《民族运动会》▶▶

随着网络媒体的兴起，很多电视台、电台、报纸、杂志等传统媒体纷纷开始转型。短视频就是转型的一个重要方向。

郑州报业集团创立了"冬呱视频"，作为旗下的视听品牌。该品牌创始于2017年3月，依托新闻媒体集团的采访资源，专注于生产"社会纪实"的原创视频。

2019年9月初，中华人民共和国第十一届少数民族传统体育运动会在郑州举行。在集团下达了采访任务后，"冬呱视频"团队经过讨论，认为其他所有媒体都是使用传统手段进行采访和报道的，如果想别出心裁，就需要有完全不一样的形式，最终决定使用Vlog短视频的形式进行报道。

这是一次极为大胆的尝试，需要团队中的一名成员出镜，以个人的视角去拍摄这次开幕式。全片通过"LOOK君"一天的所见所闻为主线，从早上起床，同单位的同事一起出发，和场外候场演员交流，一直到开幕式现场所见所闻，进行了全方位的拍摄。最终完成的Vlog短视频在网上发布后，取得了很好的反响（图12-1）。

图12-1 民族运动会Vlog的腾讯视频展示页

因为Vlog的随机性，所以在前期的策划部分，只需要把大概的规划列出来，以及必须要说的内容写好就可以了，不需要规划得特别详细。

在本案例中，规划的内容如下。

① 郑州东站：介绍郑州这座城市；

② 去体育场的路上：通过展示郑州街景中民族运动会的元素，来渲染整体气氛；

③ 体育场外：拍摄候场的演员，提起观众对开幕式的兴趣；

④ 全媒体指挥中心：展示各大媒体的人员和设备，突出媒体界对此次报道的重视程度；

⑤ 体育场内：全方位展示开幕式（可使用其他工作人员用专业设备拍摄的动态素材）；

⑥ 体育场内：总结，并预祝第十一届少数民族传统体育运动会圆满成功。

拍摄期间，其实只有LOOK君一个人，拿着一部iPhone 8P手机、一个30块钱的自拍杆，以及一条手机自带的有线耳机进行同期声的收录，设备并不专业。可见，使用这种便携型的非专业设备也是可以进行商业拍摄和制作的。

最终根据以上规划，拍摄的素材达到了236个，大小共10.56GB（图12-2）。

图12-2　本案例的拍摄素材

需要注意的是，如果制片方对具体内容有要求，一定要按照要求去执行。例如在本案例的最后结尾，上级领导就要求一定要拿着运动会的吉祥物，说出"预祝这届的民族运动会圆满成功"的话（图12-3）。

在后期的制作过程中，风格尽量个性化一些，不要太像新闻报道那样严肃和中规中矩。本片在开头部分添加了年轻人很喜欢的"弹幕"特

图12-3　片尾的具体要求

效，做了一下自我调侃（图12-4）。

这种特效要到After Effects中去
制作。因为不是在专业的蓝屏前拍摄
的，所以直接在动态视频里抠像的话，
效果会不太理想。这里是将其中的一帧
导出，进行静态图片的抠像。

首先将需要制作特效的镜头导入
Premiere中，在时间轴上将时间滑块
拖动到想要截屏的素材镜头位置，点击
右下角的"导出帧"按钮，将这一帧导
出为png格式的图片，并保存在电脑中
（图12-5）。

图12-4　片头的弹幕效果

将该图片导入After Effects，并在
项目面板中用鼠标右键点击该图片，在
弹出的浮动菜单中点击"基于所选项新
建合成"命令，以此图片的大小建立新
的合成。

在新合成中，选中该图片图层，
按下键盘的Ctrl+D，复制出一个新图
层并选中，使用工具栏上的"钢笔工具
（快捷键G）"，沿着新图层中人物的
轮廓进行绘制。绘制完就会发现，只有

图12-5　在Premiere中导出帧

人物画面被保留了下来，其他部分都消失了。现在的合成中有两个图层，一个是最下面的原图
层，另一个是上面的只有人物画面的图层（图12-6）。

图12-6　使用钢笔工具绘制出人物的轮廓线

在两个图层之间，使用工具栏上的"横排文字工具"创建多个文字，再给这些文字逐一在"位置"属性上打上关键帧，使它们产生从右向左移动的动态效果。播放时就会看到，文字从人物的身后穿插过去，形成了"弹幕"效果（图12-7）。

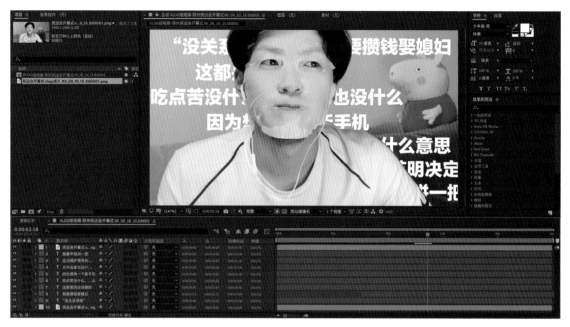

图12-7　制作文字弹幕效果

制作完成以后，输出mov格式的视频文件，导入Premiere中就可以了。最终剪辑完成的成片长度为4分14秒。

12.2 企业形象短视频 ——《蔚来汽车·豫城记》▶▶▶

随着短视频的影响力越来越大，很多知名企业的宣传工作也开始由传统模式向短视频转型，再把短视频投放到新媒体渠道进行宣传。

蔚来汽车作为新兴的智能电动汽车品牌，也开始尝试短视频的宣传模式。2018年底，蔚来汽车连续在开封、洛阳开设体验店，为了配合开店活动，需要为每一个城市制作一部与蔚来汽车相关的短视频。该系列片被命名为《蔚来汽车·豫城记》。

这种商业类项目，因为需要参与的人较多，和相关负责人在一起讨论的机会也有限，所以一开始最好多拿出几个方案，在有限的讨论中，快速定下其中一个作为策划方向。

在《豫城记·洛阳篇》中，前期提出了3个方案，分别是：

序号	主题	影片形式	主要内容
1	两辆车的邂逅	古都洛阳，两辆蔚来汽车，分别在城市中行驶着，最后相遇	两辆蔚来汽车（颜色最好有区分），一男一女分别驾驶着，在城市之中行驶，偶尔地擦车而过，偶尔又在路口偶遇，可以采用画面分屏的形式去表现。最终，两人从两侧分别进入蔚来汽车，两人相视一笑

序号	主题	影片形式	主要内容
2	车主的一天	以车主为第一人称，再以蔚来汽车为第一视角，从早到晚，展示车主作为精英阶层一天的生活	车主早晨进入车库，驾驶蔚来汽车行驶在城市的道路上，通过车主上午的工作、下午的休闲、晚上的饮食，来展示洛阳这个城市的方方面面
3	蔚来城市	让蔚来汽车拟人化，并以蔚来汽车第一视角下的画面为主进行拍摄，就像蔚来汽车是主角，带着观众参观这座城市一样	开篇可以用一段快闪视频来介绍城市，并抓人的眼球。第二段中节奏放缓，蔚来汽车缓慢行驶在路上，慢慢品味着这座城市。第三段中画面速度加快，展现城市中活跃的一面。第四段中画面飞向空中，以航拍的视角展示城市中的夜景

在经过讨论后，暂定用方案2，也就是以"车主的一天"作为确定方案。接下来，就要把该方案进行扩展，写得更加详细具体。最终方案2的文案是：

> 这是洛阳4000多年历史中，普通一天的开始。
> 栗子，蔚来XXXX号车主，洛阳人；
> 栗子爱好广泛，是越野、马术、潜水、高尔夫球、空中瑜伽的狂热爱好者；
> 最近，她又迷上了环游世界；
> 今天，是她一年中，在洛阳为数不多的一天。
> **车主（同期声）**：上午要去白马寺转转，放松一下心情。
>
> 白马寺，中国第一古刹，创建于东汉，距今已有1900多年的历史。
> 千年时光，仿佛在佛祖眨眼间一幕幕地飞逝而过；
> 曾经的隋唐风华、丝路起源、河洛之根；
> 灿烂的历史文化，也赋予了洛阳人兼容并包的基因。
> **车主（同期声）**：下午得锻炼锻炼，旅途中得有个好身体啊。
>
> 栗子认为，无论做什么事，都要做到专业级别；
> 在这个略显浮躁的世界中，总有些人要固执地认真下去；
> 骑马、瑜伽、高尔夫球；
> 这些很潮的外来文化，在洛阳这座传统的城市中，也被包容着、成长着。
> **车主（同期声）**：晚上会会朋友，又该好久不见了。
>
> 华灯初上，繁华如昔；
> 当洛阳城被点亮后，隋唐盛世恍若眼前；
> 始于唐代的洛阳水席，讲究有汤有水，味道多样，是洛阳人宴请口味不同的朋友们的不二之选；
> 入夜，洛阳城才展现出它年轻的一面；
> 这座城，就是世界。
> 这座城，就是家。

文案确定以后，就需要开始编写具体的拍摄脚本。在编写之前，最好能去实地考察一下要拍的场景。例如拍摄洛阳，就需要去洛阳的各个拍摄地看一下，这样写出来的脚本才有可行性，最终的脚本是：

序号	内容	文案	时长
1	镜头快闪，洛阳地标、羊肉汤、龙门石窟、白马寺、牡丹。 洛阳丽景门的延时摄影，太阳慢慢升起。 航拍，蔚来汽车行驶在洛阳的路上，路过洛阳地标——九龙鼎	字幕：这是洛阳4000多年历史中，普通一天的开始	10
2	车主正在开车，车窗外，洛阳的老城区	字幕：栗子，蔚来XXXX号车主，洛阳人	5
3	车主环游世界的照片、视频的快闪	字幕：栗子爱好广泛，是越野、马术、潜水、高尔夫球、空中瑜伽的狂热爱好者，最近迷上了周游世界	12
4	航拍，蔚来汽车穿过老城区	字幕：今天，是她一年中，在洛阳为数不多的一天	5
5	车主在车内开车的特写镜头	车主：上午要去白马寺转转，放松一下心情	5
6	洛阳白马寺的空镜头，展现出洛阳古老、历史、底蕴的一面	字幕：白马寺，中国第一古刹，创建于东汉，距今已有1900多年的历史	8
7	车主和其他游客在白马寺游览的画面	字幕：千年时光，仿佛在佛祖眨眼间一幕幕地飞逝而过	6
8	展示唐朝的文物特写，例如画、书法、陶俑（该部分可以找网上素材）	字幕：曾经的隋唐风华、丝路起源、河洛之根	5
9	龙门石窟中各种佛像的空镜头，重点拍佛像的头部，用大量的眼睛特写镜头作切换，传达被历史凝视的感受	字幕：灿烂的历史文化，也赋予了洛阳人兼容并包的基因	5
10	车主静静地站在龙门石窟的河边，河对岸是卢舍那大佛	字幕：感受着过去，畅想着未来	4
11	航拍，车行驶在洛阳的路上		4
12	车主在车上的特写画面	车主：下午得锻炼锻炼，旅途中得有个好身体啊	8
13	路上，洛阳现代建筑的展示，洛阳电视台塔、洛阳体育场等，展现现代社会的一面		10
14	车主在做各项活动的前期准备，例如潜水前戴脚蹼，骑马前换马靴，健身前做着各种拉伸准备活动	字幕：栗子认为，无论做什么事，都要做到专业级别	6
15	洛阳城中，熙熙攘攘的人群、奔腾的黄河水等镜头的切换	字幕：在这个略显浮躁的世界中，总有些人要固执地认真下去	8

序号	内容	文案	时长
16	车主骑马、健身、潜水、打高尔夫球的画面，还可以有车主的孩子骑马等画面，表现家庭，以及年轻人的喜好	字幕：骑马、瑜伽、高尔夫球 这些很潮的外来文化，在洛阳这座传统的城市中，也被包容着、成长着	12
17	体育场中（也可以是高校中），打篮球的人，跳街舞的人，表现外来文化		5
18	航拍，车行驶在洛阳的路上		10
19	车主在车上的特写画面	车主：晚上会会朋友，又该好久不见了	8
20	车主和朋友们在车上欢声笑语地聊天		10
21	洛阳夜景的展示，蔚来汽车行驶在洛阳的夜色中，五光十色的霓虹灯将整个城市照亮，灯火通明，展现整部宣传片中华丽的一面	字幕：华灯初上，繁华如昔 当洛阳城被点亮后，隋唐盛世恍若眼前	10
22	不同的楼体镜头，水席上各式菜的特写画面，与车主和朋友们一起开心吃饭的画面切换	字幕：始于唐代的洛阳水席，讲究有汤有水，味道多样，是洛阳人宴请口味不同的朋友们的不二之选	12
23	洛阳其他各色美食和车主特写镜头的切换		5
24	酒吧、迪厅，年轻人在里面狂欢，车主和朋友们把酒言欢，台上，洛阳的歌手们在唱歌	字幕：入夜，洛阳城才展现出它年轻的一面	10
25	车主和朋友们拥抱告别，上车		5
26	车上，孩子们已经沉沉入睡，NOMI打开空调		5
27	蔚来汽车行驶在洛阳夜景中的画面	字幕：这座城，就是世界	5
28	车主在车内，五光十色的灯光在车身上划过。车到车库，停车，车主下车，锁车，走向家中	字幕：这座城，就是家	10
29	出蔚来汽车Logo，定版		5

　　脚本通过以后，就可以进行拍摄了。因为是商业宣传片，对画面的质量要求较高，所以使用了SONY的FS7数字电影摄像机作为主要拍摄设备，并设定了4K的拍摄画质，另外还使用了无人机进行航拍。因为设备较多，所以组建了5个人的拍摄团队。整部片子共拍摄了一周，视频和图片素材加在一起有将近1TB的大小（图12-8）。

　　很多初学短视频的创作者们很喜欢那种酷炫的动态，但其实级别越高的片子，对特效的要求就越低。例如本案例中，蔚来汽车品牌部门就坚决要求不加任何特效，甚至连最基本的"交叉溶解"转场都不让加。这样做的目的，是让观众能够不受任何影响，全身心地投入短视频的故事中，将注意力集中在情节、文案，甚至蔚来汽车的产品和品牌上（图12-9）。

图12-8　《蔚来汽车·豫城记》的拍摄素材

图12-9　《蔚来汽车·豫城记》的成片截图

　　最终的成片，《豫城记·开封篇》的长度是2分18秒，《豫城记·洛阳篇》的长度是2分42秒。提交完成后，蔚来汽车品牌部门还要求再剪辑几个不同的10秒版本，方便发在微信朋友圈中。

12.3 党政短视频 ——《黄河边的梦里张庄》 ▶▶▶

　　在很多人的印象中，中宣部、新华社这种国家级的宣传机构做出来的短视频一定是很严肃的。但其实随着短视频的兴起，以及越来越多的年轻人加入这类机构中，它们也开始与时俱进，风格也越来越多元化。

　　2018年7月，中宣部和新华社要制作一部报道河南省兰考县张庄村的新闻纪实片。按照正常的新闻报道，直接去张庄村，拍摄一下街景、建筑、田地，再配上解说词就可以了。但这种形式太过于传统，正好制作团队的创作者们也有很多想法，最后经过讨论，决定以张庄村的村民"老游"的叙述为主线进行创作。

老游66岁了，亲身经历了张庄在新中国成立前的落后、成立后焦裕禄书记带领大家奋斗的历程，以及现在张庄快速的发展。经过三个阶段的对比，能把张庄整个的发展史呈现出来，而且整部片子也有了故事主线和情节，更能让观众看进去。

可能很多观众会认为，老游的讲述就像是记者采访一样，一问一答就可以了。但是在实拍中，因为村民不善言辞，会出现结结巴巴，甚至很多前言不搭后语的情况。因此最好在前期踩点的时候，先和被采访人进行交流，这个阶段千万不要录像，因为很多人面对镜头时会紧张。在采访完以后，根据内容，整理成口语化的文案，在正式拍摄的时候拿给被采访人，让他们照着说就可以了，这样可以最大限度地避免上述情况的出现。

主线确定了以后，在讨论整片包装风格的时候，新华社的决策者提出要加入"抖音风格"，因为当时抖音正在全国范围内流行，年轻人又都很喜欢比较那种酷炫的风格。于是经过讨论，决定在开头展示张庄村美景的时候，使用抖音快闪的形式，先从视觉上抓住年轻观众的注意力。

最终确定的前期文案如下。

张庄美景镜头的快闪：

别眨眼，注意看，这里是河南省，兰考县，张庄村，焦裕禄工作过的地方。曾经的沙害最严重的地方，曾经的国家级贫困村，现在这里已经是，美，很美，非常美，大风口变大风车，破房子变恬美民宿。大沙堆今天绿树荫荫。为什么变化这么大？一起走进，梦里张庄。

老游（同期声）：

我今年66岁了。我脸上皱纹多。额头上的皱纹是原来过苦日子发愁愁出来的。我这脸上的皱纹，是现在生活好了，我高兴笑出来的皱纹。

在以前可不是这个样，我小时候就咱村可不是这个样。

老游同期声背景音，展示老画面，展示张庄之前黄沙满地的样子：

以前闹村荒，没有粮食吃，乡亲们只好吃树叶子，先吃了槐树叶，再吃榆树叶，最后再吃杏树叶，吃得树上不长叶子，春天没有春天的样子。

一刮风，对面看不见人，屋里面关着门和窗户，还要点着灯。风过去以后，屋里面落厚厚一层土。风大的时候，人在屋里面出不去，门前堆一堆土，没办法，只能从窗户爬出去。

老游同期声背景音，展示历史画面，展示张庄人奋斗的样子：

焦裕禄书记把这个"贴膏药"形象地比喻到治沙上，把这个沙丘好像贴膏药一样，用这个淤土把沙丘蒙起来、盖起来，风不再刮了。再者，这个扎针呢，就是把沙丘封住以后，再往上栽上槐树，槐树也起到挡风的作用。当时的口号"贴膏药扎针"就是这个意思。

张庄现在的美景，推镜头，特效快剪：

张庄亮点：风力发电，蘑菇，做鞋子，蜜瓜种植和农家乐。

老游（同期声）：

村里搞旅游，我家建起了民宿小院，挣了钱，欢迎大家来坐坐。

拍摄的时候用到了一台采访用的摄像机，用三脚架固定好，采访的时候还使用了领夹式的

麦克风录制同期声。另外还有一台大疆无人机，用来航拍整个张庄，以及有两台手机，在张庄的各个角落拍摄细节。

在进行后期剪辑和制作时，遇到的最大困难就是片头那几十秒的快闪效果。如果只是拿一些漂亮的镜头做卡点处理的话，文案第一段的内容信息就没办法完整地展示出来，所以最后呈现的是使用文字特效、动态镜头、图片、画面特效等多种元素，配上节奏感较强的音乐，穿插进行的卡点快闪效果（图12-10）。

图12-10　梦里张庄的快闪片头效果

在使用以前的历史影像时，因为早期影像的大小只有720×576像素，如果强行将其放大五六倍来适应1080p画质的话，画面会严重受损。因此，在保证历史影像画质的情况下，在After Effects中制作了画中画效果，即历史影像还是以原画质大小出现，画面的其他部分用视频或图片素材作为底部。此外还添加了光效、翻页等动态特效，以丰富画面。在使用历史影像时，一般会要求在画面的左上角打上"资料画面"的字样（图12-11）。

图12-11　早期影像的画中画效果

在展示近些年的"人均年收入""贫困发生率"等数据对比时，最好使用动态图表的形式来展示，这样会更加直观（图12-12）。

图12-12　动态数据对比表

添加字幕的时候，因为片子要同时在电视台、新华网、新华社手机App等多个媒体上播出，所以要充分考虑到在手机上观看时，会因为字幕太小导致观众看不清楚的问题，而且文字容易和画面颜色糊到一起。所以使用了"旧版标题"来制作字幕，再为字幕添加"阴影"效果，让文字能够立体地突出出来（图12-13）。

图12-13　为旧版标题字幕添加阴影效果

　　制作片尾的时候，使用After Effects软件制作了多名村民微笑的照片墙特效动态效果，把全片的气氛又烘托了起来。

　　最终全片的长度为5分钟，剪辑工程文件如图12-14所示。

图12-14　最终的工程文件

　　全片于2018年7月16日，在新华网、腾讯、新浪、搜狐、凤凰网等全网头条发布，总播放量达数亿次（图12-15）。

图12-15　部分媒体展示的截图

12.4 纪录片短视频 ——《羊倌》 ▶▶

很多人学习短视频只是为了增加一个技能，或者记录下自己日常的生活和工作。但是对于怀揣着"导演"理想的有志青年来说，短视频只是他们的起点，他们的目标是更高大上的影视作品，取得更多国内外专业团队的认可和奖项。

如果短视频的技能已经基本掌握了，又该怎么进一步提高自己呢？纪录片其实就是一个很好的发展方向。

纪录片是以真实生活为创作素材，以真人真事为表现对象，并对其进行艺术加工与展现的，以纪录真实为本质，并用真实引发人们思考的电影或电视艺术形式。

纪录片这种形式也已经被主流电影业所接纳，在世界著名电影奖项"奥斯卡金像奖"中，就有最佳纪录长片和最佳纪录短片的奖项。国内外其他纪录片类的活动、奖项也非常多。可以说，纪录片这种形式也是短视频创作者可以作为目标去努力的，一旦能够拿到一些奖项，不仅对于创作者是极大的激励，也能够使自己的作品得到业界的承认。

纪录片应该怎样去制作呢？这里就以《羊倌》这部作品为案例，全面地讲解一下创作过程。

首先是选题，《羊倌》这部作品记录了河南省荥阳市汜水镇新沟村的一位名叫曹建新的农民。他5岁时不慎触到高压电而失去了双臂。20多年来，曹建新一直以放羊为生，尽力使自己成为一个自食其力的劳动者。由于没有双臂，无法扬鞭驱赶羊群，他创造了一套独特的管理羊群的方式。曹建新凭着忠厚为人、诚信经营，在周边几个集市的羊行里很有声誉，已成为新沟村一带有名的羊行免费经纪人。在成功"退保"后，曹建新筹备建立了养羊合作社，吸引村里的贫困户到合作社打工，从而带动更多的乡亲脱贫致富。他本人曾获得"2017河南十大年度扶贫人物""郑州市十大民生人物"等多项荣誉称号。

这是一个富有传奇性的故事，但是在当时的网络上，几乎没有曹建新的任何影像资料。于是，创作团队就前往曹建新的家中，来探讨拍摄纪录片的可行性。因为要跟随着主人公拍摄数天，所以必须取得主人公的同意才能进行拍摄。幸运的是，曹建新同意拍摄。

在创作纪录片时，前期的勘景和调研是必不可少的，首先需要了解被拍摄对象是否有意愿配合；然后创作者自己再深入主人公所处的环境中去，看他的故事是否真实，场景是否能够反映客观事实，还有主人公的表达能力是否能满足成片需要等。

纪录片在拍摄过程中与其他影片不同，不但要强化真实性特点，还要根据拍摄内容的需要选择不同的采访手法和技巧，采访的拍摄技巧对纪录片的拍摄质量有着重要影响。

人物采访的拍摄十分重要，如果拍摄不成功，就会破坏人物的生活秩序，甚至破坏纪录片的真实性，所以必须做到无论是采访内容还是形式都能很好地融入生活，符合纪录片拍摄实际。

在拍摄这部影片之初，创作团队就到主人公家里进行了沟通，能明显感受到他自身的表达能力和逻辑意识很强，可以作为采访和拍摄对象。在确定了采访对象之后，创作团队又认真分析采访对象的特点，据此确定了采用聊天式的方式与他沟通，让他更自然地表达，从而保证了采访工作的整体质量能满足需要，同时也提高了采访工作的整体效果。在采访中，要尽可能挖掘事件背后的故事，例如参与动机、具体的参与过程以及事件本身的详细信息。比如在"捐助打井"的事情中，主人公就很乐意分享，从他的分享中也能感受到他自己的喜悦和自豪感。此外，在具体采访中还应重点挖掘与事件相关的单位等各种背景信息，以及事件对其他人造成的影响。

采访完以后，可以整理成文字稿，并进行删减，使之成为整片的文案。例如本片的采访文字稿多达5000多字，经过删减并整理后，只采用了不到1000字。

接着，就要编写比较详尽的拍摄脚本。如果团队规模小甚至是只有一个人去拍摄，就需要把脚本做得更加详细，每一个镜头最好能从其他影片中找到参考画面，这样拍摄的时候更有针对性。因为团队人少的话，拍摄的素材也会少，为了避免拍完后发现有遗漏而需再去补拍的情况，最好一次性把需要的镜头都拍摄到。

本片开篇的拍摄脚本如下：

故事结构	声音	画面描述	参考画面
片头点题 1.交代贫穷的大环境 2.交代失去手臂的小背景 开头大量地渲染当地的贫穷，越贫穷会显得他越励志，他的故事越动人	火车	黑场进，画外音入	黑屏
		仰拍火车穿过镜头	
		从桥洞下的视角拍火车穿过	
		航拍火车穿过交代故事发生	

故事结构	声音	画面描述	参考画面
片头点题 1.交代贫穷的大环境 2.交代失去手臂的小背景	村民走路时的鞋子拖地声	村里年纪比较大的人（或者曹帮助扶贫的人）的生活状态，走路经过扶贫口号	
	羊叫喊声	镜头留在口号上	
开头大量地渲染当地的贫穷，越贫穷显得他越励志，他的故事越动人	羊叫的声音 曹唱歌的声音，歌词大意为共产党好	众多枯树中有一棵树长出嫩芽	
	声音减弱	黑场渐隐出片名：羊倌 SHEPHERD	

脚本确定好以后，就需要和主人公沟通拍摄时间，启程前往拍摄了。因为这部作品一开始就计划参加各种国内外的比赛，所以设备上也使用了单反相机Canon 5D mark 3，以及一台无人机进行航拍。另外，还带了一部GoPro运动相机，例如在第一个镜头中，将GoPro放在铁轨上，使用中心构图固定镜头落地仰拍火车正面俯冲的画面，使画面更有视觉冲击力、观众更有代入感，同时交代大环境，以现阶段绿皮火车的存在，隐喻在快速发展的中国依然有很多滞后的地方，为介绍经济高速发展中依然存在贫困的现象做铺垫（图12-16）。

图12-16 使用GoPro拍摄火车的镜头

在《羊倌》拍摄过程中，要特别注重对生动细节的把握，尽可能去捕捉细节，这对成片的效果而言具有重要的意义。虽然本片主要是以叙事为主，但是优美的画面感是纪录片的重要因素，提高画面的清晰度，可以提高纪录片的观赏性，对影片的呈现而言具有重要意义。

在制定本片拍摄计划时，设想就是大量运用固定镜头来展现，平稳的镜头更客观，更能体现纪录片的真实性。能用三脚架拍摄的要尽量用三脚架拍摄，另外也少部分地采用了肩扛和手持方式，这些拍摄方式相对灵活，能适应场景的各种变化，以达到提高纪录片拍摄质量和拍摄水平的目的，最大限度地保证拍摄的真实性，满足影片的拍摄需要。

除了对主人公和他的居住环境进行拍摄外，还要多拍摄一些细节，如路边的野花、老式的收音机、墙上的标语、破旧的电源、路边飘着的小红旗，这些都是传达出主人公所处环境的符号。这些不起眼的地方能为整部影片增加更多的细节，让观众通过画面能读取到更多的信息，也可以作为转场镜头使用（图12-17）。

图12-17　各种细节的镜头画面

本部影片的实景拍摄采用地面双机位加一个航拍机位的方式，拍摄周期为4天，共积累素材量350G，视频素材时长7个小时，照片、延时照片素材2000余张。拍摄素材量足够完成本部影片的制作，素材量也为后期制作提供了更多的选择和可能性（图12-18）。

图12-18　拍摄过程

在后期剪辑中，尤其是画面剪接方面，镜头的长短对画面效果的呈现能起决定性的作用，所以本片在每一个镜头的使用长度上都进行反复的斟酌和考虑，既要考虑各镜头在全片占据的比重、情感的输出、观众领悟和感受的时间，还要考虑整体节奏的起承转合，尽量让观众有最舒适的视觉体验感，并且能够投入影片中去。

本片中最长的镜头为16秒，最短的镜头为2秒。在镜头时长的控制上，尽量避免了冗长镜头带来的拖沓节奏，以及太短的镜头造成的不完整感。

在画面构图的控制上，尽可能在完整纪实且清晰展现画面内容的基础上，去追求镜头的美感。每一个镜头都尽量采用精心设计的构图，如S形构图、三分之一构图、中心构图，等等。

尤其是出片名《羊倌》的镜头，特意设计出代表工业时代的铁路与代表农业时代的羊群交汇在一起的构图，产生了强烈的对比感（图12-19）。

图12-19　片名镜头的设计

由于影片本身的画面是有局限的，这就需要用解说词和字幕来补充。如在片尾出现中国现阶段扶贫的政策和现状，让观众更直观地理解并进行思考。有时仅通过画面表达的方式没有办法承载起丰厚的内涵，这时可以借助其他方式，比如在片尾主人公说，"尽我自己的努力去奋斗"，虽是非常简单的表达，但通过解说词，观众可以去了解更深层次、更有思想内涵的情感。由此可见，纪录片的真实性还有赖于真实的声音。

本片获得了第九届中国高校影视学会"学院奖"在内的多项大奖，并在业内引起较大反响。

这不仅是一本短视频学习用书
更是您的高效阅读解决方案

建议配合二维码一起使用本书

▶ **本书精心准备线上阅读资源:**

视频作品

☑ 8个短视频作品展示,您可以从中领悟短视频策划、拍摄、制作的细节要点与呈现效果,快速成为一名短视频制作达人。

学习助手

☑ 为您提供专属学习服务,满足个性学习需求,促进多元学习交流,让您学得快、学得好。

▶ **本书特配读者交流群:**

读者交流群

☑ 让您与其他读者一同交流阅读心得,探讨视频制作从入门到实战的高效学习方法。思路碰撞,开拓视野,让您的短视频制作与运营更加精进。

▶ **配套资源获取步骤:**

第一步 扫描本页二维码

第二步 关注出版社公众号

第三步 选择您需要的资源或服务,点击获取

微 信 扫 码
获取本书配套资源及服务